MACARONS

STAFF RECOMMEND FORMULA

馬卡龍職人
特選配方製作全集

推薦序 FOREWORD

那天，大麥在電話裡告訴我，她的第一本書《馬卡龍職人特選配方全集》（原書名：馬卡龍豔遇）要出版了，真是為她高興。我與大麥相識於很多年前，那時我去青島拍攝一個美食影片，在拍攝現場，她把自己與烘焙、與馬卡龍的故事向我娓娓道來。

不同於大家的想像，烘焙是一個嚴謹而枯燥的行業，這個溫暖而聰慧的女子，從一個烘焙愛好者變為職業的烘焙達人，這其中要經歷多少困難與歷練，可想而知。從業幾十年來，我接觸過很多烘焙愛好者，能堅持下來一直保持探索和創新熱情的卻寥寥無幾。大麥不畏艱難，還專挑馬卡龍這個「硬骨頭」來啃，實在出乎我的意料。我曾留學義大利，對馬卡龍比較熟悉，這個風靡歐美的小甜點，製作起來十分講究，能將它做好，實屬不易。而大麥研究馬卡龍的時候，它在中國還屬「冷門」，就連業內了解、懂行（內行）的人都不多。在這樣的環境下，大麥憑著一股熱忱與闖勁，硬著頭皮攻克了難關，還在此基礎上創新了很多頗具東方口味的馬卡龍。大麥的馬卡龍，從原料到製作工藝再到口感與口味，就算從專業的角度來品評，也是上乘之作。正是由於她在每個環節的扎實努力，才保證了馬卡龍出品的品質。

烘焙，會給人帶來幸福，但也要為之付出百倍的努力。在這條路上，大麥從不曾言苦，堅持走到現在。大麥曾說，她希望她親手製作的美味能傳遞愛與溫暖。希望大家在翻閱這本書的時候，能感受到她的這份誠意，也希望她繼續努力，為大家帶來更多美好的作品。

曹繼桐烘焙藝術館

曹繼桐

曹繼桐，世界烘焙大師，國際評委，國家高級考評員，世界麵包大使團中國區主席，中國首席糖藝大師，「曹繼桐烘焙藝術館」創建人。撰寫了《西式麵點工藝》、《糖藝》、《翻糖》等書，是糖藝理論奠基人，被媒體稱為「中國糖藝第一人」、「中國首席糖藝大師」，主持並拍攝了《烘焙來了》、《怪老頭與曹小仙》等多部美食節目。

作者序
PREFACE

「大麥，你能做馬卡龍嗎？你要是能做出來，我就真的服了你！」幾年前，剛從法國旅遊回來的好友扔給我這樣一顆重磅「炸彈」。「馬卡龍是個什麼鬼？」我不由地在心裡碎念，可嘴上卻說，「馬卡龍有什麼難的，你就等著品嘗吧！」

就這樣，我開始了與馬卡龍的不解之緣。一開始，我以為馬卡龍無非就是個高顏值的夾餡杏仁餅，誰知道一上手，我才發現這馬卡龍可真不簡單——原料不對做不成，原料不好做不成；工具不對影響效果，工具不好更影響效果……令人頭疼的是，當時中國還沒有刮起「馬卡龍」的時尚旋風，網路上沒教程（教學），中國很少人懂，甚至連商場裡都難見到它的身影！這可把我著急壞了，原本以為很快就能攻克的難題，沒想到最終卻讓我「廢寢忘食」地忙活了大半年。現在想起來，那段與馬卡龍「死磕」（指槓上、不妥協）的日子就是部不折不扣的「血淚史」啊。

好在千難萬難都敵不過「認真」二字，當我執著地投入到馬卡龍的製作中去，麻煩和困難反而漸漸成了樂趣。在我看來，做馬卡龍就像升級打怪獸，攻克了一個難題，就會有下一個更大的難題出現，而且這些難題總是接踵而至。比方說，我費了半個多月才解決了馬卡龍裙邊的問題，還沒高興一會兒，杏仁餅裂開這個難題又不請自來了；等找到方法解決了裂開問題，烘烤的時候，馬卡龍又開始「嘔吐了」……在那段時間，我的生活重心不是工作不是老公不是孩子，而是這沒幾個人知曉的馬卡龍。下了班，匆匆吃過飯哄孩子上床睡覺，我就開始與馬卡龍「死磕」。老公半夜去衛生間（洗手間），看到的總是我在廚房奮戰的身影；週末節慶假日，打發老公領著孩子出去玩，我就在家做馬卡龍；朋友、家人邀約聚會，找個理由婉拒，我繼續在家做馬卡龍……就這樣，在不停地「打怪」升級中，我的「戰鬥力」越來越強，攻克的難關越來越多，與馬卡龍的親密接觸也從開始的痛苦不堪變成了現在的興奮和快樂。

當馬卡龍終於完美出爐，好友也對我豎起大拇指之後，原本以為可以抽身，我卻發現自己已經離不開這可愛的小甜點了，微博上總有天南地北的烘焙愛好者給我點讚，與我探討各種與馬卡龍有關的話題；我的身邊越來越多的朋友都愛上了這種甜而不膩的法式甜點，總是纏著我給她們的嘴巴解饞。而我自己呢，從一個半路出家的烘焙愛好者，逐漸成為了一個製作馬卡龍的癡迷者，從製作傳統的馬卡龍，到自己研發、創新各種新口味；從業餘玩票，到開啟了自己的烘焙工作室；從一點點摸索學習，到開設了馬卡龍的線下（實體）及網路教學……從青島到全國，再到海外，跟我學習製作馬卡龍的朋友越來越多，品嘗過我所製作的馬卡龍的人也越來越多，大家對馬卡龍的認識開始逐漸從盲目追崇到理性認可……一想到這些，我就跟打了「雞血」（興奮劑）似的，在製作馬卡龍的路上越走越有勁兒，越走越堅定。

現如今，我還在與馬卡龍甜蜜地糾纏著，那酥脆綿軟交疊的口感，芬芳馥郁的香氣，濃濃的杏仁粉味道，依舊讓我為之神魂顛倒。與人分享總會讓快樂加倍，所以便有了這本書《馬卡龍職人特選配方全集》（原書名：馬卡龍豔遇），它記錄了我與馬卡龍的相識與相知，更介紹了製作馬卡龍的詳細過程，我用我的親身經歷告訴大家，如何避免製作中常出現的各種問題……無論是你烘焙新手、資深吃貨，還是只喜歡馬卡龍嬌俏外貌的「顏值黨（派）」，這本書都能帶給你快樂與滿足，或答疑解惑，或哈哈一樂。如果你也喜歡馬卡龍，歡迎與我互動，我願意與你一起探索、品味這個從大洋彼岸遠道而來的美味甜點，讓它為我們的生活帶來更多甜蜜和滋味。

這本書完整地記錄了我在這幾年中製作馬卡龍時所遇到的問題以及總結的經驗，我竭盡所能地分享給大家，當然也很有可能會有疏漏和錯誤，如果你在製作過程中遇到新的問題，或者發現書中有錯誤，歡迎微博私信我，與我交流，不勝感激。

這本書的出版歷時兩年，凝聚了我非常多的心血，感謝這期間一直支持我、鼓勵我和等待我的朋友們，相信它不會讓你們失望。

不管怎麼説，有美味也有開懷的體驗，這才是我想送給大家的禮物。

大麥

CONTENTS 目錄

PART 01 馬卡龍的點點滴滴 All about Macaron

PART 02 基礎馬卡龍 Basic Macaron

PART

03

馬卡龍豔遇

Meet with Macaron

i 經典馬卡龍

ii 鮮果馬卡龍

iii 養生馬卡龍

iv 創意馬卡龍

01

馬卡龍的點點滴滴

All about MACARON

馬卡龍
的前世今生

「你是做什麼的？」、「我是做馬卡龍的？」、「蛤？就是那個全是色素吃起來很甜的小圓餅？」往往對話進行到這裡，我的內心就是一陣「#￥%&*@……」。「好看不好吃」這個黑鍋，不光馬卡龍不能背，我們做馬卡龍的也絕對不能背！

平時和大家交流的時候，我總是忍不住說出這樣的大實話——「馬卡龍在中國真是被神話了。」作為一個馬卡龍的「鐵粉」，看到它受寵我當然樂不可支，但是我必須得說，大多數的馬卡龍，跟風賣萌的多，遵照傳統、保持正宗本色的卻屈指可數。原料變了、配方變了、製作方法變了，味道能不打折扣嗎？

血統純正的馬卡龍到底是怎麼樣的？作家謝忠道在其介紹馬卡龍的文章《性感的小圓餅》中說，法國人將這種圓形的點心比作「少女的酥胸」，這個比喻真是香豔，不過事實上，馬卡龍剛誕生的時候，可真不是現在這樣子。而它的「祖籍」也並非浪漫的法國，而是要把座標南移，回到熱情奔放的義大利。

義大利，文藝復興，很浪漫有沒有？最重要的是，當時的地理大發現，讓義大利人從敘利亞發現了杏仁粉，並把它帶回國。在廚房裡，杏仁粉與麵粉、起士等一起被製作成了「杏仁麵粉團」，這就是馬卡龍的雛形。那是在 500 多年前的西元 1500 年左右，而法語的馬卡龍「Macaron」一詞，正是來自於義大利語「Macaroni」或「Maccherone」，意為「混合了起士的麵粉團」。最初的杏仁麵粉團既不怎麼好看又不怎麼好吃，它是單片的，也沒有夾餡，就是非常普通的杏仁小餅。

至於馬卡龍如何從義大利來到法國，流行的說法是：佛羅倫斯麥第奇家族的凱薩琳嫁給法國國王亨利二世時，由於水土不服，患上了思鄉病，於是糕點師傅特意做出讓她朝思暮想的馬卡龍來博取她的歡心。這款小甜點在法國上流社會的社交圈迅速走紅。西元 1550 年前後，馬卡龍已經成為法國甜點界的「網紅」。我們真得好好感謝這個小個子的義大利女人，她不僅給法蘭西（法國）帶來了高跟鞋，還帶來了馬卡龍。

總之，馬卡龍在法國澈底走上了奢華路線，從路易十五住進凡爾賽宮開始，馬卡龍便成為一種宮廷貢品，被定期呈獻給國王與皇后。而馬卡龍最著名的「粉絲」當屬路易十六的皇后瑪麗・安東尼。對！她就是電影《凡爾賽拜金女》的主人公。瑪麗從小便對這個小點心如癡如醉，在她 5 歲的時候，甚至將自己的帽子命名為「馬卡龍」。電影裡的凡爾賽宮，連色調都是馬卡龍色的。有美味有顏值，上能俘獲皇后貴族的芳心，下能讓平民百姓為之傾倒，仔細一想，馬卡龍不紅天理不容。所以，那些一直說馬卡龍不好吃的人，我最想跟你們說的是，你們一定是沒吃到真正好吃的馬卡龍！

馬卡龍在法國其實不單單只有夾餡這一種，有些地區會製作那種單片而且表面會裂開的「南茜馬卡龍」，他們把它裝在亮晶晶的玻璃密封罐裡儲存販賣，它們看起來就像是尋常人家餐桌上常有的大片餅乾。而到了盛產葡萄酒的波爾多地區，人們製作馬卡龍時還會加入葡萄酒，這樣的馬卡龍還有個十分唯美的名字——「聖美愛濃馬卡龍」。而現在我們常見的那種夾心式馬卡龍，就是「巴黎馬卡龍」。

二十世紀初，巴黎烘焙師拉杜黑（Ladure）發明了這種類似三明治組合式的馬卡龍，這使馬卡龍不僅變得更美味，而且看上去也更加時尚。拉杜黑利用三明治夾心法將甜美的稠膏狀餡料夾於傳統的兩塊杏仁餅之間，創作出了全新的馬卡龍小圓餅。拉杜黑還改良了香料和色素的使用，又恰到好處地控制了濕度，使馬卡龍來了個「時尚大變身」。相較於更早之前馬卡龍甜、乾、易碎的特性，新款的馬卡龍外殼酥脆，內部卻濕潤、柔軟而略帶黏性，中間還搭配了餡料，無論是口感還是味道，都得到了極大的提升。改良後的馬卡龍外貌也更加出眾，從原來略帶鄉土氣的薄脆圓餅變身為令全世界為之著迷的「時尚小妖精」。她的外表更加光滑細膩，色彩也更加豐富，顏值與美味都令人驚歎，從此成為甜點界的「寵兒」。

愛吃下午茶的法國人，這麼多年來都把馬卡龍當做搭配下午茶的最佳選擇。一顆完美的馬卡龍，一定要有濃郁的杏仁香氣，輕咬一下，外殼酥脆，內裡鬆軟，猶如美女柔軟甜膩的蜜唇。泛著淡淡光澤的成品完美無瑕，由外到內，呈現出由脆酥到黏稠的層次感，第一口咬下去幸福滿溢，第二口咀嚼時，味蕾會不由自主地生津，美味在唇齒間迅速昇華，好吃得讓人瞬間瞇起了眼睛，笑靨如花。

Macaron

01 製作馬卡龍的必備工具

在製作馬卡龍的過程中需要使用很多工具，選一件合適又順手的工具會讓你的製作更加得心應手。在我最初開始製作馬卡龍的時候，沒有考慮工具的問題，隨手使用了身邊的工具和設備，結果就遇到了各種莫名其妙的失敗。在經歷了無數次失敗之後，我痛下決心，幾乎更換了所有的工具和材料，工具順手了，食材選對了，許多問題迎刃而解。這個時候我意識到，選擇正確的工具和材料對於製作馬卡龍來講是絕對重要的！

⚠ **製作馬卡龍時，所有的工具都必須確保無油無水！**

{ 基本工具材料 }

❶ 調理盆

製作馬卡龍需要一個直徑 22 公分左右的盆，用來混合杏仁粉、糖粉和蛋白。調理盆材質不限。

❷ 烤盤

烤馬卡龍最好使用平整的烤盤，不要使用鐵質烤盤。鐵質烤盤散熱過快，容易使馬卡龍殼受熱不均勻。**可使用陶瓷、不鏽鋼或者鋁製等材質的烤盤。**

❸ 量杯

在製作馬卡龍的過程中，量杯不僅可以用來秤量液體，還可以將擠花袋套在上面，方便裝馬卡龍麵糊。這對於新手來說，量杯不僅適用於做馬卡龍，也適用於將其他麵糊或者夾餡裝入擠花袋的時候使用。

❹ 電子秤

製作馬卡龍所需的每一種材料的份量都必須非常精準，不能多也不能少，這是製作馬卡龍成功的基本要素。一般電子秤精確到克就可以，當然，電子秤的精確度越高，材料秤量的準確性也就越高，這樣也有助於提高製作馬卡龍的成功率。

❺ 電動攪拌機

用於打發蛋白，製作蛋白霜。對於新手來說，電動手持攪拌機是一個很好的選擇。**一般選擇功率在 200W 以上的電動攪拌機比較合適，**功率如果低於 200W，在製作義式蛋白霜的時候，會因為功率過小，攪拌速度過慢，導致在溫度降低前不能將蛋白霜打發到理想狀態。

❻ 黑晶爐

又稱電陶爐。**黑晶爐升溫非常柔和，火力均勻，對鍋的材質沒有要求。最好不要使用電磁爐，**電磁爐升溫過快，很容易造成糖水溫度內外不均。

❿ 烤盤布
⓲ 馬卡龍矽膠墊
❺ 電動攪拌機
❼ 橡皮刮刀
❻ 黑晶爐
⓫ 不鏽鋼鍋
⓳ 搪瓷鍋
❶ 調理盆
❽ 網篩
⓴ 玻璃碗
❸ 量杯
❹ 電子秤
❷ 烤盤
❾ 圓形花嘴
⓱ 電子溫度計
㉑ 量勺

❼ 橡皮刮刀

橡皮刮刀具有柔韌性強、不黏等特性，是攪拌的理想工具。在選擇刮刀的時候，不要選比較軟的刮刀，裡面有硬心的刮刀操作起來會更加順手，並且不易讓手腕感覺累。

❽ 網篩

網篩用來過篩杏仁粉和糖粉。杏仁粉比較容易出油，運輸過程中容易受到擠壓而結塊。糖粉（霜）也會因為環境潮濕而結塊，過篩可以很好地將結塊打散。杏仁粉相對於麵粉來說顆粒較粗，不要使用目數過大的麵粉篩，否則杏仁粉過篩不下去，就需要使用刮刀不斷地、反覆地按壓，這會讓杏仁粉出油，最好使用目數較小的網篩。

❾ 圓形花嘴

擠馬卡龍的時候，需要一個圓形的擠花嘴，口徑在 7 ～ 8 公釐就可以。如果孔太大，麵糊在擠的時候不容易控制，孔太小並且麵糊比較稠的話，擠的時候會比較費力。使用大小合適的擠花嘴，擠出來的馬卡龍才是標準的圓形。也可以根據擠花嘴的大小來控制麵糊的量，從而製作出創意馬卡龍。

❿ 烤盤布

又稱烘焙布、油布。烤盤布受熱比較均勻。如果使用矽膠墊，會因為受熱不均勻，造成歪裙邊或者黏底等情況的發生。也可以使用烘焙紙，但是烘焙紙一般只能使用一次，比較浪費。烤盤布可以反覆使用，把它剪裁成與烤盤大小一致的尺寸，不要翹起。每次使用完只需要用濕布擦一下即可。盡量不要用水清洗，也不要弄皺它，以延長使用壽命。擠馬卡龍殼的時候，在烤盤布下面墊一張印有馬卡龍圖模的紙或者墊子，可以幫助你擠出大小均勻又美觀的馬卡龍。

⓫ 不鏽鋼鍋

熬糖水使用的小鍋，最好選擇直徑少於 15 公分的。熬糖水的量比較少，如果鍋較大的話，在熬煮糖水時會因為鍋底表面積過大，水分蒸發過快，導致糖水內外溫度不均勻。

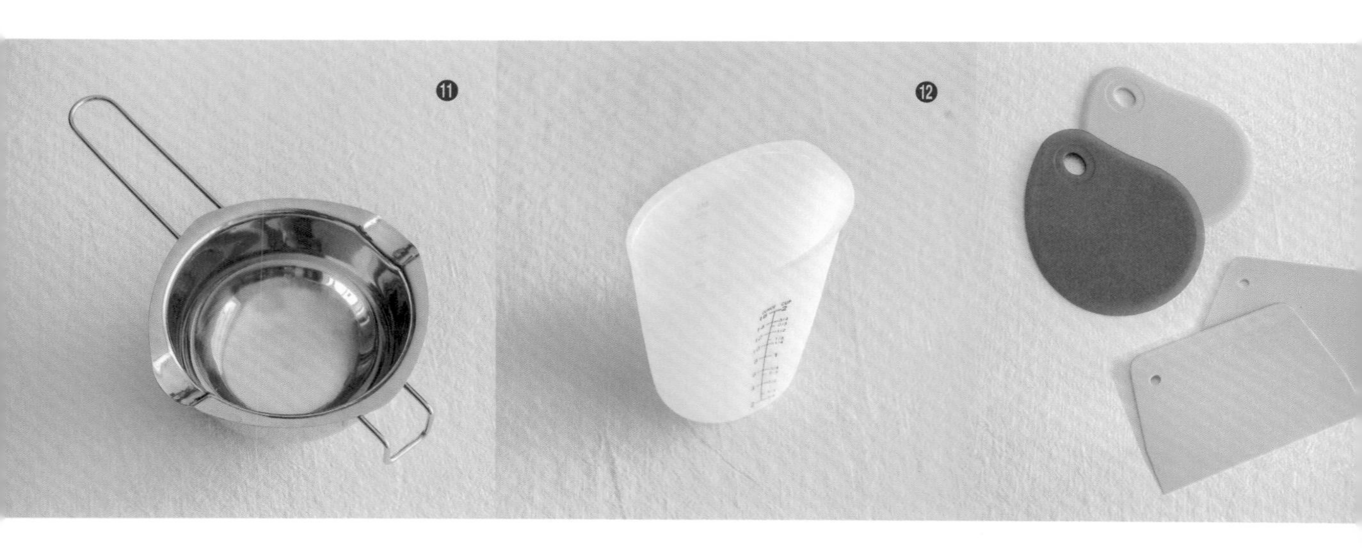

⑫ 矽膠量杯

矽膠量杯具有散熱慢、保溫性強等特性。在製作小份量義式馬卡龍時使用矽膠量杯，可以對加入糖水的蛋白霜進行保溫，幫助蛋白霜在溫度降到 35°C ～ 40°C 以前，打到理想的狀態。

⑬ 硬質刮板

這種刮板因中間夾有不鏽鋼片，所以硬度很大。在製作馬卡龍的時候，需要按壓杏仁糊消泡，使用硬質刮板會讓操作更便利。

⑭ 針筒

針筒在秤量蛋白時使用。由於製作馬卡龍的材料份量必須非常精準，因此在秤量蛋白時必須精確到每克，針筒的使用可以更加便利地將多餘的蛋白吸出來，或者補足不夠的蛋白。

⑮ 擠花袋

可以選擇一次性透明擠花袋，這樣做方便快速，而且省去了清洗的程序，但一定要選擇品質好且足夠堅固的一次性擠花袋。經常做馬卡龍的話，也可以使用布的擠花袋，用完之後，需要清洗乾淨，澈底放乾。在潮濕的天氣，如果清洗和存放不當，袋子裡面會長霉斑，並且會有霉味，從而影響馬卡龍的品質。

⑯ 烤箱溫度計

用於測量烤箱內的實際溫度。烘烤馬卡龍時溫度波動較大會對成品造成很大的影響。而每個人使用的烤箱品牌都不一樣，每台烤箱的溫度也有差別，可以借助烤箱溫度計來測量烤箱的實際溫度，準確控溫。

⑰ 電子溫度計

用於測量鍋內液體的即時溫度。電子溫度計有很多種，在熬煮義式馬卡龍需要的糖水時，我們選擇的是針式電子溫度計。電子溫度計具有穩定性強、測量溫度準確等特性。還有一種紅外線溫度計，不建議大家選用，這種溫度計過於靈敏，只要測量位置發生改變溫度就會發生很大變化。也有很多大師可以做到用手和眼睛去判斷溫度是否合適，但沒有長時間的實踐和豐富的經驗是難以做到的，建議大家不要輕易嘗試。

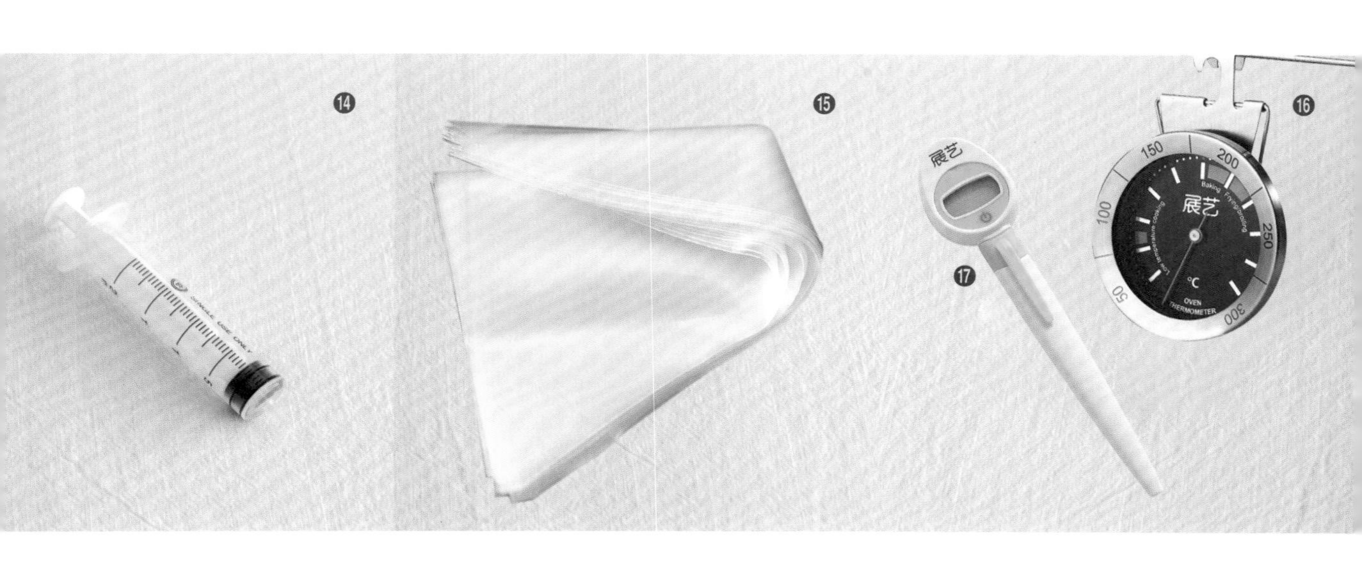

Macaron

02 關於烤箱

烤箱種類

烤箱按照用途可分為家用烤箱和商用烤箱；按照工作原理可以分為機械式烤箱和微電腦烤箱；家用烤箱常用的有電烤箱和嵌入式烤箱，如果對烤箱要求比較高的話也可以考慮旋風烤箱。

馬卡龍對烤箱的要求

馬卡龍的製作是一個非常複雜的過程，外在因素有一點改變，都會影響到它的成品。馬卡龍殼在烘烤的時候會因為很小的溫度差異而導致失敗，因此烤箱的選擇尤其重要。市面上的烤箱種類繁多，且各有利弊，應根據個人的具體需求來選擇一台真正適合自己的烤箱。不管選擇哪款烤箱，在使用前都需要預熱 20 分鐘以上，這樣烤箱才能充分升溫，內部的溫度才可以基本達到穩定、均衡。烤箱按工作原理可分為機械式烤箱和微電腦烤箱；按使用範圍可分為適合普通家庭用的電烤箱、適合高端用戶用的嵌入式烤箱和適合私房烘焙工坊用的旋風烤箱。

◆工作原理

機械式烤箱	機械式烤箱的優點是比較耐用，且價格便宜。缺點是它只能通過旋鈕來控制溫度，而旋鈕只能設置一個大概的溫度，不能十分精確，因此溫度的準確性比較差。在烘烤的時候，需要你時刻守在烤箱旁邊，觀察食物的狀態。
微電腦烤箱	微電腦烤箱透過電子控制面板來控制溫度，烤箱會自動檢測溫度，將溫差範圍控制在 1 ～ 5°C，溫度比較準確和穩定。食物放入後設置好對應的按鍵即可。

旋風烤箱

◆使用範圍

電烤箱	一般家庭可以選擇家用電烤箱，電烤箱溫度上升比較快，體積又相對比較小，非常適合普通家庭使用。但是不建議選擇容積在 30L（30 公升）以下的烤箱，因為容積越小，烤箱內部溫度越不均衡，溫差也越大。
嵌入式烤箱	如果家裡的廚房空間比較大或者對烤箱要求比較高，可以選擇嵌入式烤箱。嵌入式烤箱的優點是密封性強，內部溫度比較均衡，溫差較小，烤出來的成品上色一致，並且色彩與光澤也較好；缺點是升溫比較慢，通常預熱烤箱需要 30 分鐘以上才可以達到設定溫度。當然現在很多烤箱也有極速預熱功能，就不需要等那麼久了。
旋風烤箱	現在有很多私家烘焙工坊，平常訂單量比較大，電烤箱和嵌入式烤箱因一次只能烘烤出一盤成品，已經遠遠不能滿足其需求，而商用烤箱占地又非常大，額定功率也超出家庭電壓的範圍，在這種情況下就可以選擇旋風烤箱。旋風烤箱的加熱方式不同於一般上下管加熱的家用烤箱，它是後背加熱管加頂部輔助加熱的方式，利用超大風扇將溫度在烤箱內進行迴圈加熱。**旋風烤箱最大的優勢是可以同時烘烤 4 盤馬卡龍**，效率非常高，這也是家用烤箱所不具備的。

烤箱的磨合

很多人買回烤箱後，並不知道自己的烤箱會有溫差，所以做出的東西經常會出現各種問題，但又不得要領。為了解決烤箱溫差的問題，首先需要準備一個烤箱溫度計，可以是機械的，也可以是電子的。將溫度計懸掛在烤箱的正中央，以最中心點的位置為準，或者放於烤網中心，然後設置烤箱溫度為 165°，開始空燒烤箱。裡面不要放任何的東西，每隔 5 分鐘做一次記錄，持續 40 分鐘。當你記錄完整個過程，就會得到一張烤箱溫度變化表。你可以透過這些資料清楚地知道烤箱會在多少分鐘後到達你設定的溫度；又或者多少分鐘之後超過設定溫度幾度；又或者多少分鐘之後低於設定溫度幾度；又在多少分鐘之後，烤箱的溫度逐漸穩定不再有變化。透過這個方法，你就可以很好地了解自己家烤箱的「脾氣」。

不同品牌的烤箱，其密封性和保溫性是不同的。當然這跟價格也有很大的關係，比較貴的烤箱一般密封性較好，這種烤箱在到達設定好的溫度後，基本上就不會有大的溫度變化。相反，密封性不好的烤箱，溫度不穩定，忽高忽低。在實際烘烤食物的時候，我們就應該根據測試好的烤箱的實際溫差來正確調節烤箱的溫度。下面這個表格就可以幫助你記錄烤箱的溫度變化。磨刀不誤砍柴工，先花一些時間與你的烤箱來一次親密對話吧！

烤箱溫度變化表

時間 溫度　紀錄	5 分鐘	10 分鐘	15 分鐘	20 分鐘	25 分鐘	30 分鐘	35 分鐘	40 分鐘
實際溫度								
烤箱設定溫度								

烤箱的預熱

一般烘烤食物前必須對烤箱進行預熱，不將烤箱預熱就直接將食物放入烤箱中烘烤，在烤箱升溫的過程中，食物就會慢慢流失水分，進而會影響口感。很多人剛剛開始接觸烘焙時，僅僅知道烤箱要預熱，啟動烤箱後，看到爐管紅了，又黑了，就以為預熱完成了。其實不然，預熱時間要視烤箱的密封性和保溫性來決定，**一般家用烤箱需要預熱 20 分鐘以上才能達到一定的熱度**，這時候烤箱溫度的波動開始變小。嵌入式烤箱因為密封性太好，所以真正達到設定的溫度，差不多需要半個小時。不過現在有的嵌入式烤箱更高級了，有快速加熱功能，也可以在較短的時間達到設定的溫度。

馬卡龍殼的烘烤

因為每台烤箱都存在差異，所以馬卡龍殼烘烤的時間和溫度都不是絕對的，多次嘗試、準確記錄並反覆調整和嘗試是摸清烤箱烘烤時間和溫度的有效方法。

馬卡龍殼的烘烤方法有兩種：一種是預熱烤箱烘烤，這種方法就是把烤箱提前預熱到設定好的溫度，再把結好皮的馬卡龍殼放進烤箱烘烤；另一種方法是直接升溫烘烤，這種方法不需要提前預熱烤箱，將結好皮的馬卡龍殼放到冷烤箱中，直接升溫烤，設定的溫度和時間可以與預熱烤箱烘烤的溫度和時間一致。

通常我會把烤箱溫度設定在**實際溫度 160°C（這是指烤箱溫度計的溫度），中層烘烤，時間 17 分鐘左右，使用直接升溫烘烤**。但這個溫度和時間僅僅是在使用旋風、嵌入式或電烤箱馬卡龍殼放滿烤盤的情況下。如果你只烤半盤馬卡龍殼，就要相應地減少烘烤時間，否則出爐後會出現上色過重等問題。也就是說，烘烤時間要視烤盤中馬卡龍殼的數量以及馬卡龍殼的厚薄來決定。

如果你剛剛開始學習做馬卡龍，這個時間和溫度要如何掌握呢？給大家一個小小的建議，以家用電烤箱、整盤馬卡龍殼為例，以你之前記錄的烤箱溫度變化表總結出的烤箱溫差作為一個參考值——如果烤完的殼上色過重，那麼下次就可以相應地減少時間或者調低溫度；反之如果馬卡龍殼沒有上色並且黏底嚴重，那麼下次就適當地增加時間或者調高溫度。**時間可以以 1 分鐘為單位、溫度可以以 5°C 為單位進行調整**。

再次提醒，本書中提供的烘烤馬卡龍殼的時間和溫度僅供參考，大家需要依據自己使用的烤箱來磨合一個相對準確的烘烤時間和溫度。要想用自己的烤箱烤出不上色、不黏底也不空心的馬卡龍殼，必須多次嘗試，並做好記錄，以便後續調整。

最後，用一句話與大家共勉：失敗是成功之母。相信你透過自己的努力一定能烤出擁有漂亮裙邊和細膩組織的馬卡龍殼！

Macaron

03 製作馬卡龍的基本材料

{ 馬卡龍殼材料

製作馬卡龍殼的材料其實非常的簡單，主要有四種：

杏仁粉、糖（細砂糖、糖霜或者糖粉）、蛋白、水。

雖然只有四種材料，但是每一種材料都有著它舉足輕重的作用，缺一不可。材料的差異會給馬卡龍殼的成品帶來很大的影響，只要選擇了正確的食材，你的馬卡龍就已經成功一半了。

杏仁粉 TPT（Tant Pour Tant）

是指杏仁粉與糖粉以 1：1 的比例混合。

杏仁粉的好壞是決定馬卡龍成功與失敗的關鍵。做馬卡龍使用的杏仁粉來自美國加工的大杏仁。美國大杏仁（Amygdalus comnnis）又稱扁桃仁（中國俗稱巴旦杏、巴旦木），是一種十分重要的堅果油料及藥用物種。其世界年總產量在 130 萬噸左右，杏仁、榛果、核桃、腰果並稱為「世界四大堅果」。

由於加工程序及加工環境的不同，不同工廠生產出來的杏仁粉也會有很大的差別，不同的杏仁粉會對馬卡龍的製作產生很大的影響。我們在製作馬卡龍的時候，經常會感覺有的杏仁粉偏乾，有的杏仁粉偏濕，這是由於杏仁粉的含油量不同而導致的：如果加工出來的杏仁粉顆粒感強、較粗糙，通常這些杏仁粉的含油量就會比較低，我們在使用的時候就會感覺粉比較乾，這種粉因為含油量較少不容易使蛋白消泡，製作出的杏仁糊會很黏稠，表面粗糙不光滑，做出的馬卡龍就是受很多人喜歡的「漢堡馬」；而另一種比較細膩的杏仁粉，含油量會比較高，對於新手來說，在操作的時候如果手法不夠快，蛋白就很容易消泡，杏仁糊會很稀，但這種狀態的杏仁糊做出的馬卡龍殼表面光滑細膩，做出的馬卡龍就是傳統的「薄馬」！

以上說的是杏仁粉普遍存在的兩種狀態，並不能簡單地說哪一種粉好或者不好。我們在製作馬卡龍殼前應該充分了解杏仁粉的各種狀態，這有助於我們在實際操作中

高品質杏仁粉

低品質杏仁粉

對配方比例做一些細微的調整。如果杏仁粉偏乾燥，製作出來的杏仁糊非常黏稠厚重，可以同時減少杏仁粉、糖粉 5g 左右；如果杏仁粉偏油偏濕，製作出來的杏仁糊非常稀，可以減少混合 TPT 配方中蛋白的量 1 ～ 3g。所以在製作馬卡龍的時候，要注意觀察杏仁糊的狀態，以此來調整配方的量。

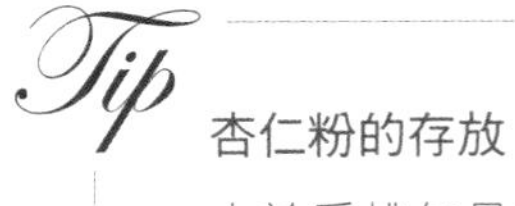

杏仁粉的存放

由於扁桃仁是非常容易出油的一種堅果，因此杏仁粉不宜長時間儲存。在 25°C 以下的室溫中可以存放 1 個月左右。一旦放置時間超過兩個月，杏仁粉就會慢慢開始反油、變質。使用這種變質的粉做出的馬卡龍殼，會失去杏仁經過烘烤後特有的清香味，而且馬卡龍殼的組織也會因為粉的反油出現比較大的洞孔，不細膩。杏仁粉最好的儲存方式是密封低溫保存，在這種環境下杏仁粉的保存期限可長達 12 個月。

❸ 色粉
❸ 蛋白
❶ 糖霜、糖粉
❹ 雞蛋
❺ 杏仁粉
❷ 細砂糖

❶ 糖霜、糖粉

糖霜裡含有一定的澱粉，製作馬卡龍時，使用適量添加澱粉的糖霜不會對馬卡龍有任何影響，但如果使用的糖霜澱粉含量過多，降低了糖的含量，就會影響到馬卡龍殼的成品，出現表面裂開的現象。糖粉是純砂糖磨成的粉，也可用於製作馬卡龍。無論選擇糖霜還是糖粉，都要使用有登記的工廠生產的。在做出成功的馬卡龍之後，也最好不要隨意更換產品的品牌。

❷ 細砂糖

市面上的砂糖有很多種，最常見的有綿白糖（又稱貢白糖）、粗砂糖和細砂糖。綿白糖和粗砂糖含水量比較高，並且有雜質，不適合製作馬卡龍。細砂糖含水量少，比較乾燥，建議選擇使用。

❸ 蛋白

要使用新鮮雞蛋分離出來的蛋白，選購雞蛋的時候盡量選大小一致、中等個頭的雞蛋，重量為 65g 左右。大個頭的雞蛋含水量高，會降低蛋白裡蛋白質的含量，做出來馬卡龍的組織會比較粗糙。也可以把蛋白與蛋黃提前分離，將蛋白放到一個容器裡，不要完全密封，放冰箱冷藏保存，第二天再使用，這樣會讓蛋白裡面的水分揮發掉一部分。蛋白到底可以存放多少天呢？分離好的蛋白只要保存得宜，可保存 0 ～ 7 天，都可用於製作馬卡龍。

水

做馬卡龍對水沒有太多的要求和禁忌，可以使用自來水，也可以使用礦泉水。

{ 馬卡龍夾餡材料

夾餡是馬卡龍的靈魂，豐富的口感會給你帶來一層一層不一樣的味蕾刺激和驚喜。可以製作馬卡龍餡料的食材有很多，最主要的有以下幾種：

奶油

也稱作黃油、牛油，英文名 Butter。奶油分為有鹽奶油和無鹽奶油，通常我們烘焙時推薦使用無鹽奶油。如果需要加鹽調味，可以自行適量添加，這樣可以對口味進行很好的控制。我們在使用奶油時，都會要求奶油呈軟化狀態，只有這種狀態，奶油才容易被打發成蓬鬆發白的羽毛狀。**奶油最佳的軟化狀態就是用手輕輕一按可以按出一個凹洞。**

無鹽奶油

淡奶油

也叫稀奶油，英文名 Whipping Cream，脂肪含量一般在 30% ～ 36%。淡奶油在製作甘納許時會使用到。淡奶油需要 24 小時冷藏存放於冰箱中，每個品牌的淡奶油口感多少會有不同，可依據個人口味喜好選用。

奶油乳酪

英文名為 Cream Cheese，是一種未成熟的全脂乳酪，色澤潔白，質地細膩，口感微酸，非常適合用來製作乳酪蛋糕及其他甜點。奶油乳酪開封後非常容易變質，大塊奶油乳酪需要切割使用，要把刀具及封口消毒，這樣可以延長保存期限。

巧克力

巧克力的口味主要是由可可含量的多少決定的，巧克力中可可的含量越高，巧克力的口感就會偏酸偏苦。製作馬卡龍最常使用的巧克力可可含量在 50% ～ 70% 之間，味道從微苦到苦，通常用於製作巧克力甘納許。牛奶巧克力口感比較甜，具體用量可根據個人的口味喜好自行調整。

白巧克力

白巧克力成分與牛奶巧克力基本相同，只是白巧克力不含可可粉，但是脂肪含量高，甜度高。白巧克力是由可可脂、糖、牛奶和香料製成的。在選購的時候要注意不要買受潮的鈕扣巧克力，受潮的鈕扣巧克力很難融化。

咖啡酒

在甜點中，咖啡酒最常用於製作那款象徵愛情的提拉米蘇蛋糕，在這款甜點中，它是靈魂一般的存在。另外，咖啡酒與瑪士卡邦起士是最好的搭配。

鹽之花海鹽

鹽之花海鹽產自法國，它來自布列塔尼南岸有上千年歷史的給宏德（Guérande）鹽田區。這種因為當地獨有的氣候和自然條件而結晶的天然海鹽，產量非常稀少，是頂級西餐中不可缺少的一種調味品。海鹽用於烹調調味時不宜加熱，撒一點在食物表面，它就可以瞬間把食材的味道帶出來。

吉利丁片

吉利丁片最常用於製作慕斯蛋糕，書中我們將其用於製作果泥果凍和幫助白巧克力甘納許減少凝固時間。時間充足的話，做好的白巧克力甘納許夾餡可以放入冰箱冷藏 24 小時，凝固效果也不錯。使用吉利丁片之前，要先將它剪成幾小片，然後放入冰水中浸泡 5 ～ 10 分鐘，即可將其泡軟。之後將吉利丁片撈起，瀝乾水，放入需要凝固的溶液中攪拌融化即可。吉利丁粉與吉利丁片是完全一樣的東西，只是形態不同而已，使用吉利丁粉需要用 4 ～ 5 倍的白開水泡開，時間 1 ～ 2 分鐘即可。

香草莢

香草莢是非常名貴的香料，主要產自中美洲和南美洲。香草主要用於製作冰淇淋、巧克力、咖啡和各種甜點。香草莢分為四個等級，我們最常使用的是二級或者三級的。

果泥

果泥是把新鮮水果打成很碎、很細膩的泥後進行冷凍保存，它最大限度地保留了水果的新鮮度和味道。果泥常用於製作甜點，不會受季節的限制，使用非常方便，也不含果膠等添加劑。果泥常用於製作水果果凍、慕斯、馬卡龍夾餡或其他甜點。

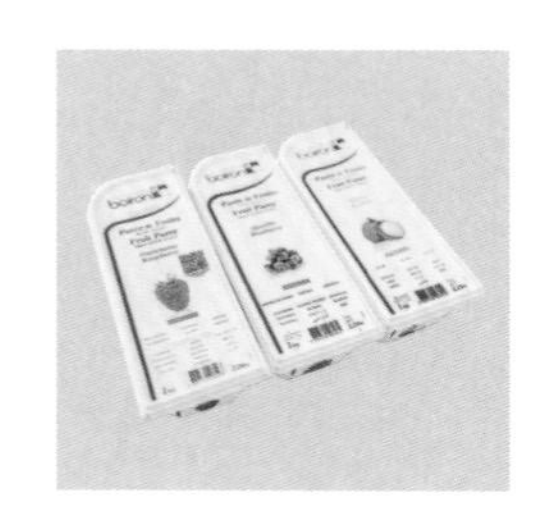

抹茶粉

抹茶粉含有茶多酚，有提高人體免疫力及抗癌之效。抹茶粉與綠茶粉的生產程序不同，前者的色彩與光澤更鮮亮，口感更細膩，非常適於製作甜點。

可可粉

可可粉按其脂含量可分為高、中、低脂可可粉；按加工方法不同可分為天然可可粉和鹼化可可粉。可可粉具有濃郁的可可香氣，可用於製作高級巧克力、飲品、牛奶、冰淇淋、糖果、糕點及其他含可可的食品。

薰衣草茶

薰衣草有舒解壓力、鬆弛神經、幫助入眠的作用，在製作馬卡龍夾餡時，需要把薰衣草茶浸泡在煮滾的淡奶油中，才可以讓其味道充分釋出。薰衣草也可以用作馬卡龍殼的表面裝飾。

綠茶

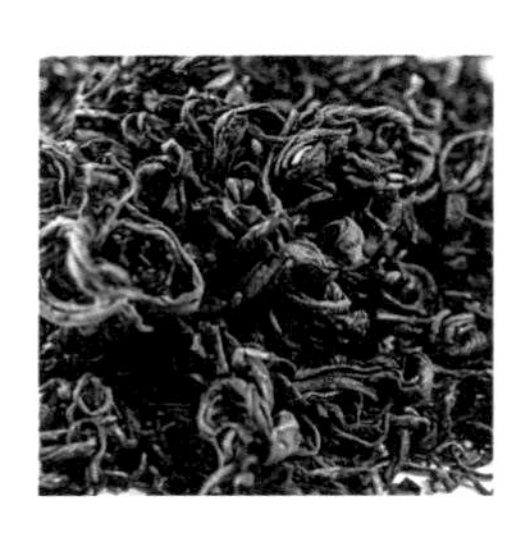

綠茶在中國被譽為「國飲」。綠茶含有茶多酚、咖啡因、脂多糖、茶氨酸等，具有提神清心、清熱解暑、消食化痰、去膩減肥等作用。綠茶與淡奶油充分浸泡後的味道清香四溢，非常適合做馬卡龍的內餡。要選擇無農藥殘留的綠茶，且要澈底清洗乾淨才可使用。

桂花茶

桂花茶具有溫補陽氣、美白肌膚、排除體內毒素、止咳化痰、養生潤肺的功效。在製作馬卡龍夾餡時，需要把乾桂花浸泡在煮滾的淡奶油中，才可以讓其香味充分地釋出。桂花茶也可以用作馬卡龍殼的表面裝飾。

玫瑰花茶

玫瑰花茶香氣濃郁、滋味甘美。玫瑰花能降火氣、滋陰美容、調理血氣、促進血液循環、養顏美容。玫瑰花茶的花瓣可用於裝飾馬卡龍殼的表面，玫瑰花醬則可用於馬卡龍夾餡的調味，香甜可口。

枸杞

堅果

乾玫瑰花

乾桂花

肉桂

矯情的馬卡龍

馬卡龍是所有烘焙愛好者的「滑鐵盧」，極少有人不被它難倒。

在邊學邊做的過程中，我漸漸摸到馬卡龍的個性，就是兩字——「矯情」。馬卡龍就好比是你追求的一個「白富美」（形容女生皮膚白、富有、外觀漂亮），她天真無邪、美麗嬌俏、活潑開朗……基本上沒有哪裡不好，想想都讓人心馳神往，但是呢，就因為她的家庭條件太好，從小被寵慣了，又沒什麼社會經歷，所以她不太會與人相處：遇事不會換位思考，更別説變通了，經常把事情弄得一團糟。可是她一犯錯闖禍，就哭得梨花帶雨的，你就覺得是自己不好，是自己沒幫她、沒守護好她，怎麼能讓她受這麼大委屈呢……感覺這樣的自己有點慫（指膽小怕事）吧，但沒辦法啊，誰讓姑娘魅力大呢，這就是喜歡一個人的代價啊！

馬卡龍就是這麼一個「嬌滴滴」的公主，從原料、工具選擇到製作再到儲存與品嘗，無論哪一個環節你都要如履薄冰，細緻再細緻，謹慎再謹慎，稍不留神，結果都只是一個：以失敗告終。

沒錯，馬卡龍就是這麼難伺候，就是這麼矯情。曾經有一個學生，跟我學做馬卡龍，上課的時候我覺得她不太專心，一副心不在焉的樣子。等課程結束一兩週後，她就開始「熱情」地聯絡我了，這是怎麼回事？回家做馬卡龍一直失敗啊！後來她自己承認，她以為有了多年烘焙的底子，做很多甜點也拿手，馬卡龍肯定難不倒她。於是上課的時候她就不太認真，很多知識、要點都沒聽進去，於是回家製作的時候就開始遭遇各種失敗，崩潰也是可想而知的。

看我囉唆了這麼多，估計有人會説：「總説馬卡龍矯情，我看你才矯情呢！」。呵呵，只有當你真正自己動手製作馬卡龍時，你才會明白我説的話是多麼真知灼見了。製作馬卡龍，原料上不能有一點差錯，不用説配方差幾克，就是一切都按配方分毫不差，哪一個原料的品質不夠好都做不成；工具呢，也必須講究，你要是抱著僥倖的心態在工具方面大剌剌，那馬卡龍也就對你大剌剌了——給你個歪裙邊、大裂開、空心這些拐瓜劣棗都 so easy；就算從原料到製作你都好上加好，終於做出了一顆完美的馬卡龍，如果在儲存上不講究，你也嘗不到它的美妙滋味——馬卡龍對儲存的環境特別是濕度都有很高的要求，時間方面也同樣不含糊，因為它要「回軟」，吃

得過早，它還沒回軟好，你吃到的馬卡龍就餡是餡、皮是皮，就吃不出那種酥脆綿密交疊的口感；要是多放幾日，回軟過度，杏仁的香氣就消失殆盡，馬卡龍的口感也大打折扣。品嘗馬卡龍時，一口一個地囫圇吞棗，那肯定吃不出她馥郁嬌柔的甜美。講究的法國人，吃一顆馬卡龍需要八口，要一小口一小口地體會它在你口中的層次變化，要搭配紅茶、普洱或者苦咖啡來吃……說白了，你要優雅地品嘗，而不是大剌剌地用它填飽肚子。

馬卡龍這麼矯情，這麼折磨人，還這麼受歡迎，到底是為什麼呢？我也這樣問過自己，說到底，可能還是因為馬卡龍太有魅力了吧！

越難征服就越吸引人，對馬卡龍而言，它有無窮無盡的空間讓你去探索，就算製作技術通關了，也還有口味創新讓你去提升。就算法式、義式馬卡龍輕車熟路了，還想繼續研發適合亞洲人、中國人口味的馬卡龍就非常具挑戰性了……一言以蔽之，馬卡龍雖然是烘焙愛好者的「滑鐵盧」，但大家還是前仆後繼地奔赴這個戰場，熱情高漲。

雖然挑戰馬卡龍的過程實在不輕鬆，但當你最終挑戰成功，你就會覺得之前那些失敗都不是事，跟內心的喜悅與無比的成就感相比，付出再多，都是值得的！

Macaron

04 馬卡龍的儲存和品嘗

馬卡龍是甜點中的貴族，是甜點中的愛馬仕。它的計量單位不是千克而是枚，這足以證明它的珍貴。真正的馬卡龍除了必須使用 100% 的杏仁粉製作外，對運輸、存放和品嘗都有極高的要求，哪一個環節沒有做到位，你都無法感受那種從外到裡、由酥脆到柔軟的極致口感！

{ 馬卡龍的「回軟」

剛剛製作完夾好餡的馬卡龍是不能馬上吃的，如果這個時候你迫不及待地想要品嘗，那只能讓你大失所望。剛做好的馬卡龍殼跟餡是完全分離的，兩者還沒有很好地融合在一起。馬卡龍製作完成後，必須立刻把它放到保鮮盒裡，放進冰箱中冷藏。待過了 24 ～ 36 小時之後，馬卡龍的殼與餡就會很好地融合到一起，這過程就叫做「回軟」。當然，回軟的時間並沒有那麼絕對，這要視馬卡龍殼的厚薄、烘烤的火候，以及內餡含水量的多少來決定。

不同類別的內餡也決定了馬卡龍回軟的速度。通常純奶油霜夾餡的馬卡龍回軟時間是最長的。因為奶油霜裡的含水量比較少，回軟時間為 24 ～ 36 小時。巧克力和乳酪類內餡的馬卡龍回軟速度就比較快，24 小時以後就會達到最佳的狀態了。還有一種是純水果醬的內餡，這種馬卡龍的回軟速度最快，4 小時左右就能回軟好。

{ 馬卡龍的儲存

馬卡龍的儲存非常簡單，冰箱密封冷藏的保存期限是 7 天，這期間吃幾顆拿幾顆，剩下的繼續放在保鮮盒裡密封冷藏儲存。冷藏超過一個星期的馬卡龍也並不會壞掉，但是杏仁粉自有的果香氣會揮發掉很多，口感會粉粉的、黏黏的，已不在最佳的賞味期限。

做好的馬卡龍如果短時間內吃不完，可以放到冰箱冷凍，這樣可以保存兩個月之久。吃之前要將馬卡龍移到冷藏，30 分鐘之後取出，放置至室溫後再品嘗，口感如初。一定不能把馬卡龍直接從冷凍拿到室溫中，因為溫差變化太大會導致馬卡龍表面凝結一層水氣，這層水氣在短時間內會讓馬卡龍的殼變潮濕，口感就會大打折扣。

{ 馬卡龍的品嘗

什麼時候的馬卡龍是最好吃的呢？通常，馬卡龍在 24 ～ 36 小時之內就會回軟（特殊夾餡除外），製作好後 72 小時之內是食用馬卡龍的最佳時期。傳說一個馬卡龍要分八口去吃，當然也沒有這麼誇張，但是品嘗馬卡龍最好是小口小口地吃。當你第一口咬下去時，牙齒觸碰到的首先是馬卡龍酥脆的外殼，烘烤後杏仁粉的果香氣頃刻充滿你的口腔；緊接著是內餡和殼充分融合後帶來的柔軟口感，再接著是餡中餡如同爆漿一般在你的口中炸開，層層變化，豐富的口感讓你應接不暇，咬碎後又重新融合，奇妙的感覺不可言表。如果這個時候再配上一杯紅茶或者義式濃縮咖啡，與好友圍坐一起，一個完美的下午茶也不過如此了。

02

基礎馬卡龍

BASIC MACARON

跟馬卡龍「死磕」的血淚史

從不知道馬卡龍是什麼到最終做出一顆完美的馬卡龍，我自己「痛苦」摸索了大半年。在那段時間，我得到中國有名的甜點師秋珈心的提點，一直以來心存感激。時隔多年，每每想起這段經歷我還是很感慨。如今出版這本書，裡面總結了我的諸多經驗與教訓，我之前掉進過那麼多坑，如果你也想學習馬卡龍，並且有機會讀到這本書，就沒必要走我的老路了。

千呼萬喚始出來的「漂亮裙邊」

剛開始學習馬卡龍的時候，因為中國製作、了解它的人太少，我只能用最傻最笨的辦法——「死磕」（指槓上、不妥協）。馬卡龍一定要有漂亮的裙邊對不對？可是我連著做了幾個晚上就是烤不出來裙邊，問題到底出在哪？原料配方都是按照法國的方法，沒問題啊。這可讓我發愁了，於是，我開始一點一點地尋根溯源，裙邊主要跟什麼有關係？

糖啊！所謂裙邊，就是在烘烤時，糖分沸騰，但是餅身上有軟殼，沸騰的熱量從上方無法釋放，就只能走周邊這一條道路了，所以在小圓餅的周圍會形成沸騰過後留下的漂亮裙邊。我意識到很有可能是在糖粉上出了問題。可是糖粉能夠出什麼問題呢？我從各個烘焙實體店買了好幾種糖粉回來，有貴的有便宜的，有進口的有中國產的，一種一種地嘗試，一爐一爐地烘烤，來來回回折騰了一個多禮拜，終於找到可以製作出穩定裙邊的糖粉！那種心情，簡直比我家女兒期末考試排名全班第三還高興。看到這裡你也許會問，糖粉到底出了什麼問題呢？慢慢研究、深入了解之後我才知道，有些品質不夠好的糖粉添加了過多的澱粉或其他成分，糖的份量相對減少，就會造成裙邊出不來。一般來說，使用大品牌的糖粉（霜）就可以解決裙邊的問題了。

馬卡龍與杏仁粉

　　在選用了不同的杏仁粉、烘烤了無數次後，我終於搞清楚不同批的杏仁粉會對馬卡龍的操作以及成品有巨大的影響。杏仁粉過油、過粗，生產日期過長都可能導致杏仁餅出現問題。因為杏仁粉本身含油量很高，在儲存、運輸過程中若遇到溫度、濕度改變，它的含油量也會產生變化，而且不同的杏仁粉粗細程度也不同，這些都會影響麵糊在烘烤中組織結構的變化。想烤出組織細密、外觀漂亮的杏仁餅，杏仁粉這關必須得過！所以我直接聯繫了生產杏仁粉的工廠，與他們認真地溝通如何調整生產加工流程。這期間，工廠每生產一批的杏仁粉，我都會買來試驗效果。就這樣，一次次地改進一次次地試驗，工廠終於加工出可以讓馬卡龍達到最佳狀態的杏仁粉。

攻克各種困難就好像在打怪升級

裙邊有了，裂開沒了，接下來的日子裡，我又跟空心、上色不均勻、歪裙邊這些難題槓上了。在那幾個月，下了班吃完飯，早早地把女兒哄睡，我就開始在客廳、廚房與馬卡龍「死磕」。當時家裡住的房子隔音效果不好，而電動攪拌機工作時的聲響很大，為了不影響鄰居休息，我總是夾著屁股，捧著電動攪拌機在我家餐桌底下認真而又擔驚受怕地打發蛋白，生怕鄰居過來拍門。等杏仁糊做好了，我就會趴在地上觀察烤箱裡杏仁餅的烘烤過程，為什麼要趴在地上？因為我買了五六個烤箱啊！大烤箱連著小烤箱，廚房放不下就放客廳。不是我「敗家」，烤箱與杏仁粉、糖粉一樣，品質不同，效果各異，多買幾個才能試出誰的溫度最穩定、誰的溫差最小、誰的烘烤品質最佳。在製作馬卡龍上，我真得承認自己實在很「敗家」，不過也正是因為「敗家」，我才知道烤箱的優劣與馬卡龍的烘烤和上色效果有著密不可分的關係。

其實，這本書裡提到的很多工具都和烤箱一樣，是我從眾多品牌、眾多型號中挑選出來的，這些精挑細選的工具能保證馬卡龍的製作過程更加穩定。

比如說熬糖水，鍋子太大會讓糖水溫度不均勻，從而直接影響之後杏仁餅的組織結構；而就算你選對了鍋來熬糖水，如果用的是電磁爐來加熱，也容易出現加熱不均勻的問題：電磁爐加熱過快，不夠穩定，這樣熬出來的糖水常常會在接下來的製作中給你帶來小麻煩。所以熬製糖水最好選用黑晶爐。

製作馬卡龍，要攻克的難題有千千萬，一波未平一波又起，只要有一種原料出了細微的差錯，之後都可能有大麻煩出現……那幾個月，我不玩、不逛街、不帶孩子、不聚會，除了上班就「扎根」廚房與馬卡龍「死磕」，滿腦子都在想著如何解決馬卡龍出現的各種問題。跟馬卡龍「死磕」，就像在嚼著有咬勁又有韌性的美味肉乾，不可能一口吃個胖子，但是一旦吃出了味道就停不了口，讓人欲罷不能。就算過程辛苦點，也總能讓你品嘗出幸福的滋味。在此寫下這些文字，與大家共勉，希望你既要有攻堅克難的信念和決心，又要有享受過程的平常心，相信你一定能做出完美的馬卡龍。

I 基礎馬卡龍殼

Basic Macaron Shell

basic

01

基礎馬卡龍殼

經典義式馬卡龍殼

basic
01

基礎馬卡龍殼

經典義式馬卡龍殼

份量｜40～50個（合計20～25對）

材料配方 Ingredients

A. TPT

杏仁粉90g、糖粉90g、蛋白33g

調色色粉｜聖誕紅●+橙色●=3：1

➔ 請根據杏仁粉的乾濕狀態來調整蛋白或者TPT的量，具體調整方法可參考P.20～P.21。

B. 熬糖水

水23g、細砂糖75g

C. 蛋白霜

蛋白33g、細砂糖15g

製作步驟 Step by Step

❶ 混合TPT、熬糖水

01 把A材料中的蛋白倒入調理盆中，用小湯匙取少許色粉放入蛋白中。同時將B材料的水和細砂糖放入不鏽鋼鍋中，打開黑晶爐，開始熬糖水。

02 用刮刀輕輕地攪拌色粉與蛋白，使它們均勻地混合在一起。

03 把杏仁粉和糖粉過篩到蛋白中，過篩的目的是為了打散結塊。

04 用刮刀先輕輕地撥散混合粉，再攪拌均勻，攪拌到沒有乾粉就可以了，不需要過度攪拌。

① 熬糖水時，當糖水開始沸騰時不要攪拌，否則糖水會反砂（指糖水變回砂糖顆粒狀），造成馬卡龍殼空心。

② **熬糖水的溫度要以室內的濕度來決定：**

室內濕度在 20% ～ 40% 時，熬糖水的溫度為 116 ～ 118°C；室內濕度達到 50% ～ 70% 時，熬糖水的溫度為 117 ～ 119°C；當室內濕度達到 80% 以上時，熬糖水的溫度為 119 ～ 121°C。

05-1

05-2

05-3

❷ 打發蛋白、倒糖水，攪拌成義式蛋白霜

05 當糖水煮到 90 ～ 100°C 的時候，將 C 材料中的蛋白加入細砂糖，高速打到硬性發泡（如圖 5-3）。

06 糖水煮到 118 ～ 120°C（如果環境濕度過大，就煮到 120°C），起鍋，將糖水緩慢地倒入已經打好的蛋白中，邊倒邊繼續高速打發。倒糖水時注意要避開攪拌機頭和攪拌機的出風口，以免糖水濺出燙傷人。

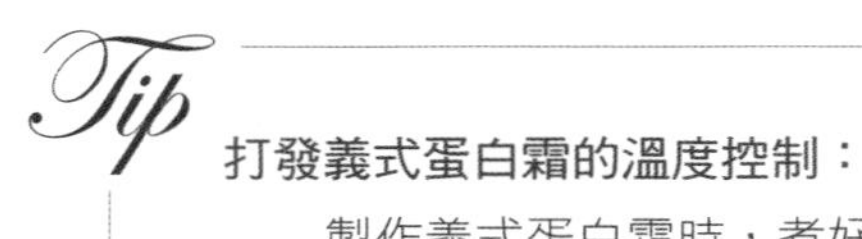

打發義式蛋白霜的溫度控制：

製作義式蛋白霜時，煮好的糖水要緩慢地倒入打好的蛋白裡，速度不要太快，然後再繼續高速打發蛋白至想要的軟硬度。如果在打發蛋白時，室溫比較低，且調理盆又沒有做好保溫措施的話，蛋白霜會隨著溫度的降低，很快變得越來越稀，呈現水狀。用這種蛋白霜製作出來的馬卡龍組織非常粗糙，有很大的洞孔。因此，打發蛋白時，一定要在蛋白霜的溫度降至 35 ～ 40°C 之前打好。如果是製作小份量蛋白霜，那麼保溫工作就更為重要了。室溫比較低的時候，打發義式蛋白霜建議使用矽膠量杯，矽膠量杯的保溫性能好，能有效地解決蛋白霜溫度降低過快的問題，從而提高馬卡龍的成功率。

07 倒完糖水後，繼續高速打發，電動攪拌機快速攪打到蛋白霜有清晰的紋路就可以。此時，用攪拌機頭拉起蛋白霜，有一個很大的彎鉤，且細膩有光澤，蛋白呈幾乎不流動的狀態即可。

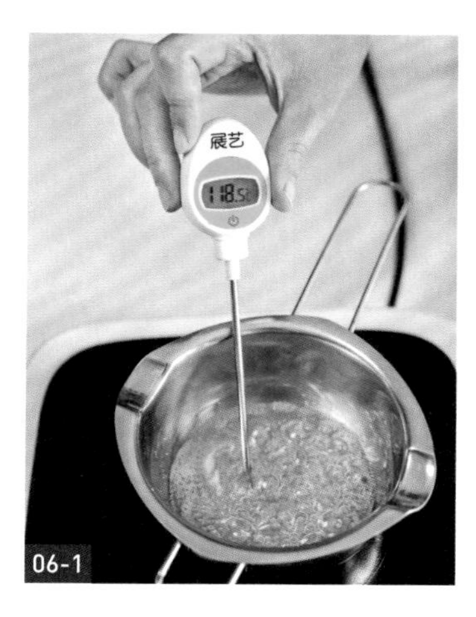

06-1

06-2

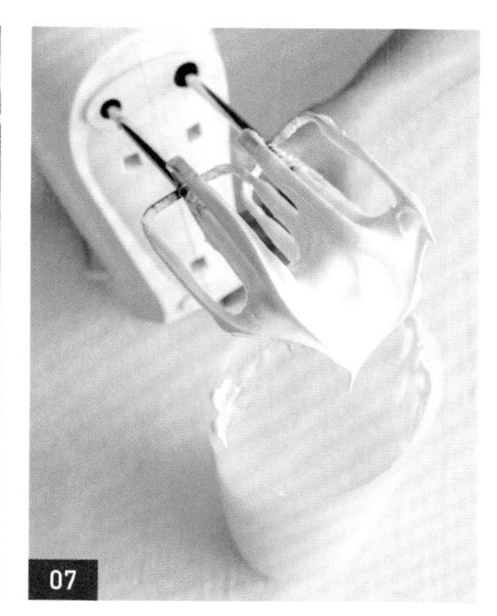

07

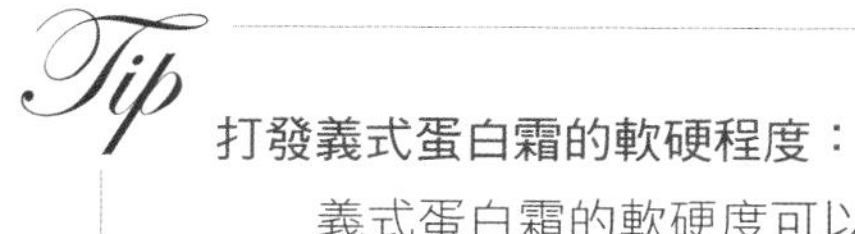

打發義式蛋白霜的軟硬程度：

義式蛋白霜的軟硬度可以幫助調節杏仁糊的濃稠度。比較潮濕的杏仁粉，蛋白霜可以打得稍硬；反之，蛋白霜就要打得稍軟。倒完糖水之後的蛋白霜打發到紋路清晰且有一個彎鉤就可以。如果攪拌機的功率比較大，在打發蛋白霜時一定要注意，可以中途抽出攪拌機頭觀察蛋白霜的狀態，否則很容易把蛋白打得過硬。蛋白霜打得太硬的話，蛋白會破裂，造成馬卡龍組織粗糙有洞孔。

❸ 混合杏仁糊

08 打好的蛋白霜先取三分之一放入已經混合好的杏仁糊中。

09 先用刮板轉盆切拌。因為蛋白霜與杏仁糊質地不同，用切拌的手法比較容易將蛋白霜混進杏仁糊中。然後再轉盆翻拌、按壓，這樣可以使蛋白霜充分消泡，並與杏仁糊很好地混合在一起。

08

09-1

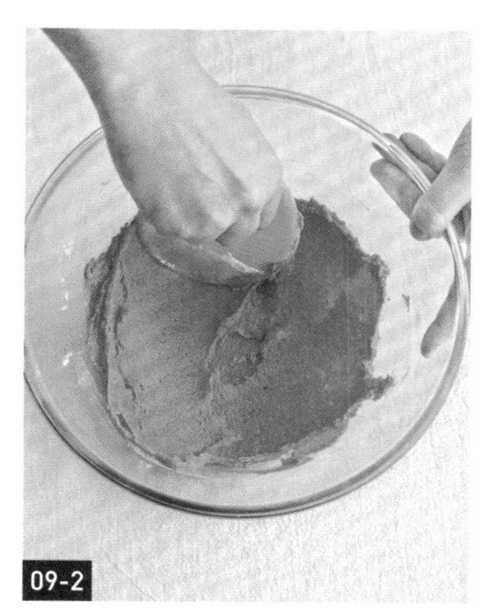

09-2

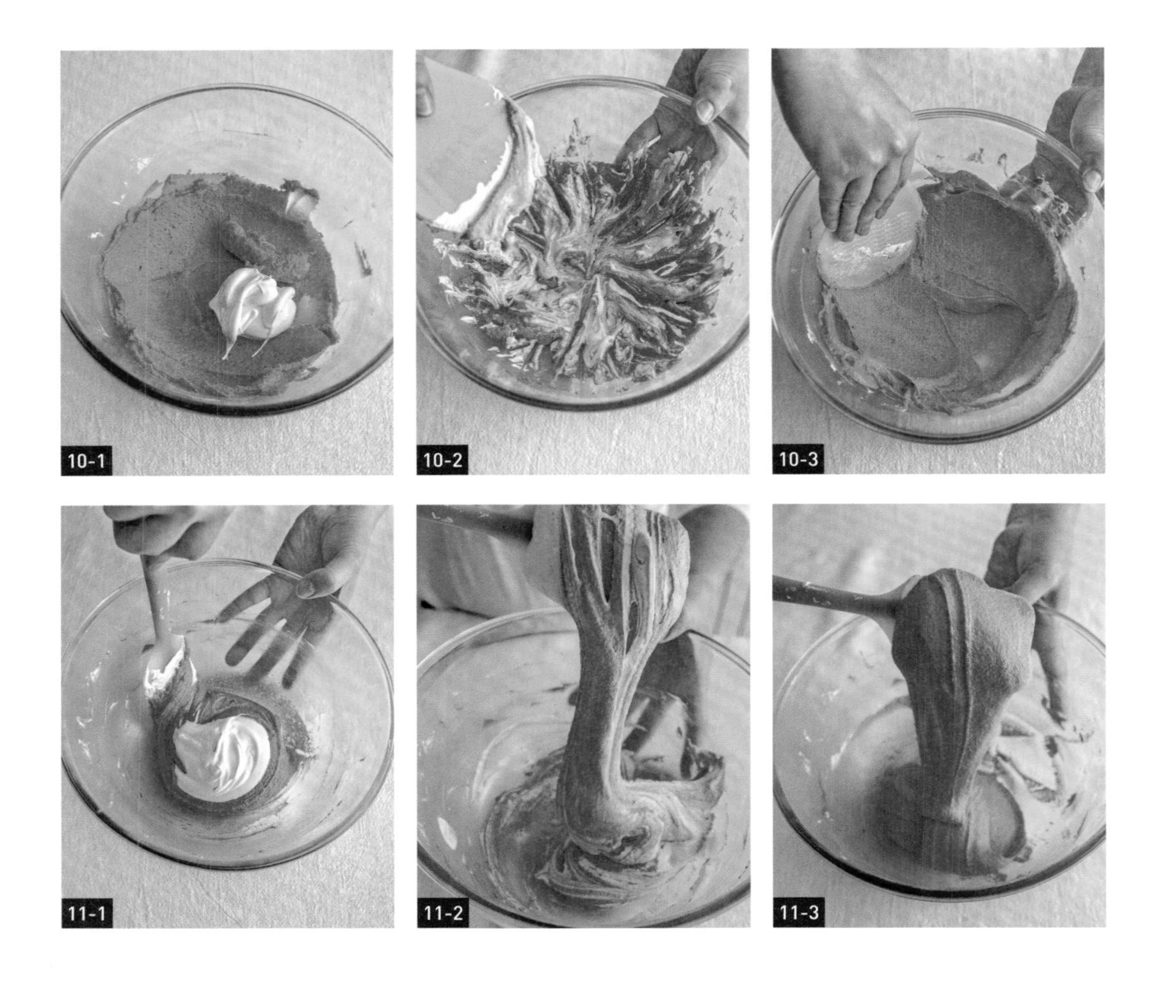

10 拌勻後再取三分之一的蛋白霜與杏仁糊進行攪拌，也是切拌轉盆再按壓，但是力度要比第一次稍微輕一點。第二次的混拌也是為了讓蛋白消泡。須注意在翻拌、按壓時，要及時清理刮刀或刮板上的杏仁糊，以免殘留在上面的蛋白與杏仁糊不能充分混合。

11 加入剩餘的蛋白霜與杏仁糊輕柔快速地用刮刀翻拌均勻，不要使用按壓手法。攪拌好的杏仁糊像呈半流體狀態。

混合杏仁糊與蛋白霜時，第一次和第二次加入蛋白霜要使用按壓手法，讓蛋白霜充分地與杏仁糊混合均勻，並澈底消泡，如果這兩步操作不到位，製作出的馬卡龍殼組織會過於蓬鬆，且洞孔粗大。第三次混合的時候手法是輕柔地翻拌，如果杏仁粉比較潮濕的話，這一步要快速完成，否則容易消泡，造成馬卡龍空心。

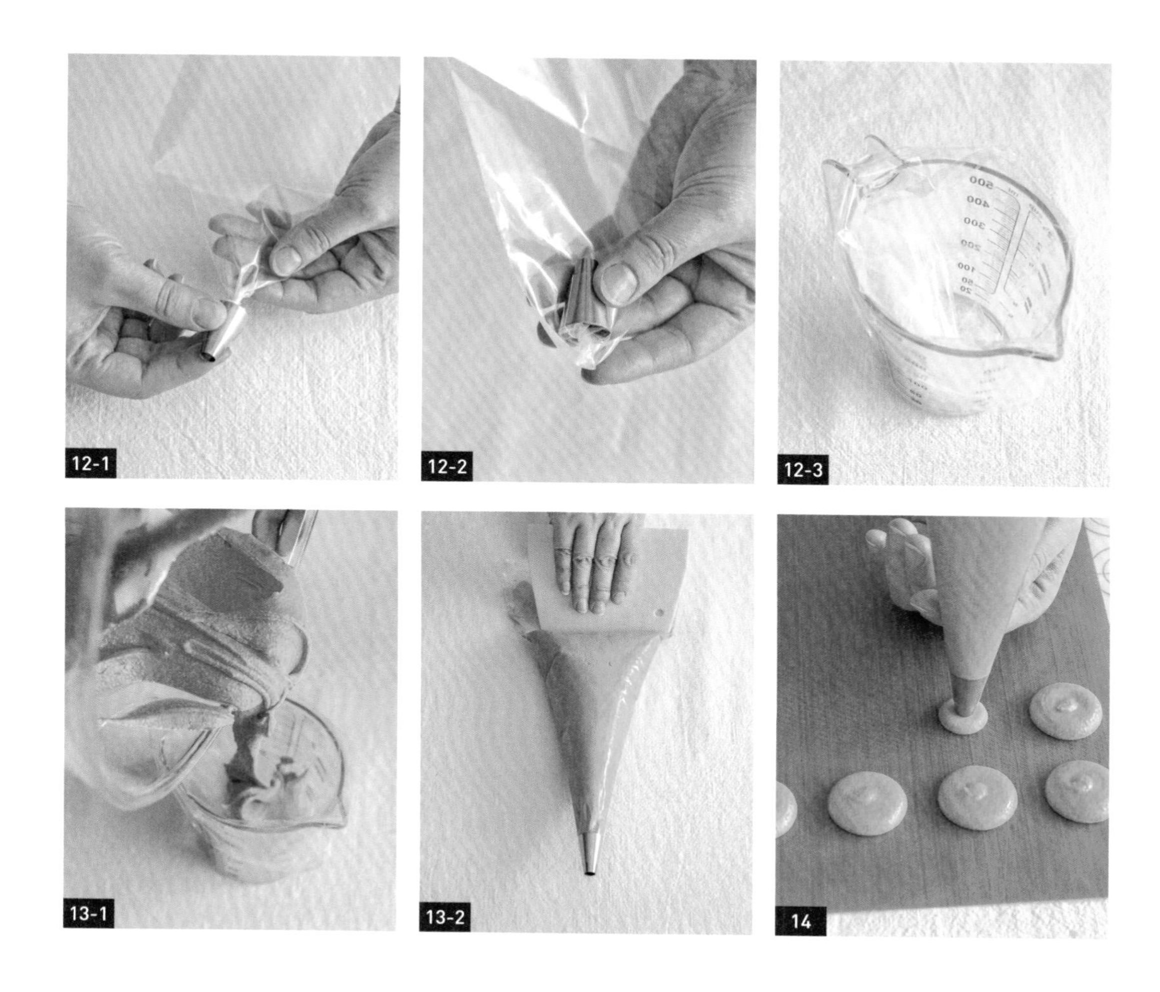

❹ 擠糊及結皮

12 把圓形擠花嘴裝入擠花袋中，擠花袋前端剪一個大約 1cm 的小口，花嘴推到最前面後，將花嘴的底部旋轉幾圈，再折起來套到量杯上。

13 拌好的杏仁糊裝入已經套好擠花嘴的擠花袋裡，用刮板將杏仁糊推到擠花袋前端。

14 在烤盤布下面墊馬卡龍墊，按照圖案的大小將杏仁糊擠到烤盤布上，擠的時候擠花嘴與烤盤布要持續保持同樣的距離且要水平移動。

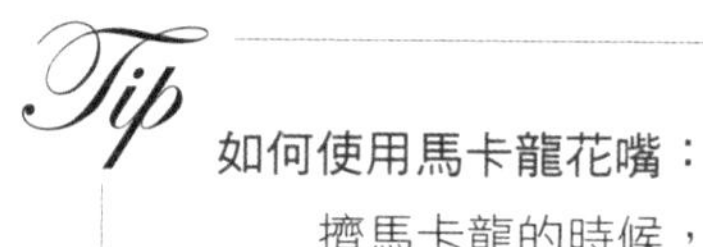

如何使用馬卡龍花嘴：

擠馬卡龍的時候，擠花嘴距離烤盤布大約 1cm 的高度，手要始終保持水平，不可忽高忽低，不可從上往下擠，更不可從下往上擠。手不要長時間握住裝有杏仁糊的擠花袋，因為手的溫度容易讓蛋白消泡。

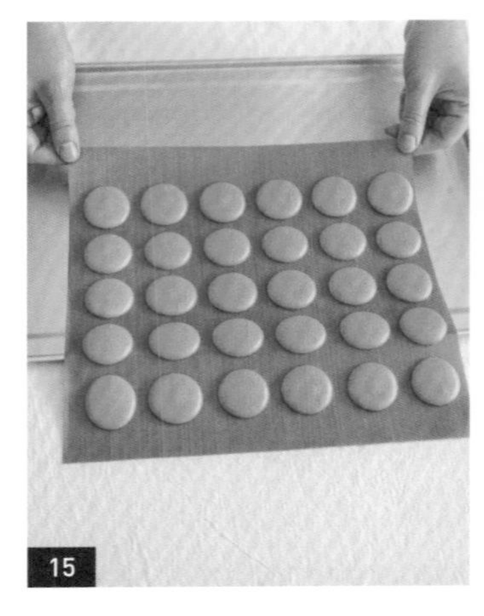

❺ 烘烤

15 把擠好馬卡龍殼的烤盤布拖入烤盤。

16 手托烤盤，用手輕震烤盤，把氣泡震出。

17 將馬卡龍殼放室溫中直到表面結皮不黏手且結有一層結實的薄膜之後，放入預熱到 160°C 的烤箱，烤 17 分鐘左右即可。

① 擠完馬卡龍糊，可以用手垂直輕拍烤盤震一下，如果還是有大氣泡冒出，可以用牙籤把氣泡挑破。如果想要做出比較厚的馬卡龍殼，可以省略這一步。

② **乾燥和潮濕地區結皮的要點：**
結皮最常用的方法就是室內自然風乾，風乾的具體時間要以室內的濕度以及熬糖水的溫度來決定。到了梅雨季節，很多地區的濕度高，這個時候可以借助烤箱的熱風功能來協助馬卡龍殼結皮。將烤箱溫度設置到最低 35°C，烤盤放在烤箱內風扇位置的下層，打開熱風，烘烤約 50 ～ 60 分鐘，即可完成結皮。

③ **有一點要注意：**如果烤箱內最低溫度高於 40°C，馬卡龍殼很容易被烘烤皺，風乾時一定要隨時關注，並縮短烘烤時間。比較潮濕的地區，也可以使用烤箱烤乾的方法來縮短結皮時間。

④ 濕度越小、糖水溫度越高，結皮速度就會越快。理想的結皮狀態是這樣的：用指腹輕輕觸碰馬卡龍殼的表面，感覺已經形成一層比較結實的薄膜。輕按下去再離開，殼的表面可以迅速恢復原狀。

法式馬卡龍使用的是法式蛋白霜。法式蛋白霜與義式蛋白霜不同，它不需要熬煮糖水，因此蛋白霜的穩定性不夠。在操作的時候注意手法要輕柔，避免蛋白消泡，否則杏仁糊會過稀。如果杏仁粉比較乾燥，可以適量增加蛋白 1～3 克，將杏仁糊調整到一個比較理想的狀態。

basic
02

基礎馬卡龍殼

基礎法式 馬卡龍殼

份量｜40～50個（合計20～25對）

材料配方　Ingredients

杏仁粉60g、糖粉60g、蛋白42g、細砂糖45g

製作步驟　Step by Step

❶ 打發蛋白

01 細砂糖分三次加入蛋白中，用電動攪拌機中高速打勻（如果要使用色粉，可以在此步驟加入）。

02 電動攪拌機中高速將蛋白打發到硬性發泡，此時提起攪拌機頭，會有一個直立的尖角。

01-1

01-2

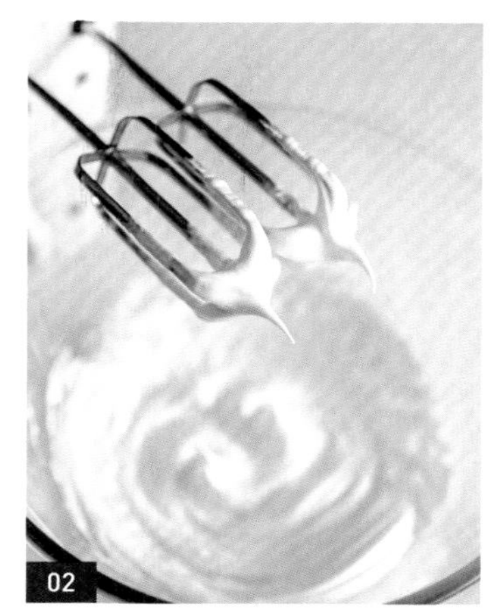
02

❷ 混合 TPT

03 杏仁粉和糖粉過篩，混合成 TPT。

❸ 混合蛋白霜與 TPT

04 把過篩好的 TPT 先倒二分之一到已經打好的蛋白霜中。

05 用刮刀順著一個方向輕輕混拌均勻。

06 再把剩餘的 TPT 倒入。

07 繼續使用刮刀順著一個方向混合，混合到完全沒有乾粉且用刮刀刮起後呈半流體狀落下就可以了。

❹ 擠糊

08 擠花袋提前裝好 12 號擠花嘴。把混合好的馬卡龍杏仁糊裝到擠花袋裡，用刮板把杏仁糊全部推到擠花袋的最前端。

09 烤盤布下面提前墊上有馬卡龍模印的矽膠墊。擠馬卡龍的時候，擠花嘴要與烤盤布持續保持同樣的距離，並水平移動，且均勻用力，在烤盤布上擠出大小一致的杏仁糊。

❺ 結皮烘烤

10 將杏仁糊放在室溫風乾，直到表皮不黏手並且有一個比較結實的薄膜狀態。

11 烤箱提前預熱到 155 ～ 160°C，將杏仁糊放入烤箱烘烤 15 ～ 17 分鐘即可。

03
04-1
04-2
05
06/07
08-1
08-2
09
10

basic

03

基礎馬卡龍殼

義式馬卡龍與法式馬卡龍的區別

	義式馬卡龍	法式馬卡龍
操作難易度	複雜。	簡單。
口感	細膩柔軟，甜度適中。	粗糙、不夠柔軟，口感偏甜。
外觀	外觀細膩，裙邊內斂。	外觀粗糙，裙邊飽滿奔放。
材料	杏仁粉、糖粉、水、細砂糖、蛋白。	杏仁粉、糖粉、細砂糖、蛋白。
製作要領	糖水視環境濕度煮至 116 ～ 120°C。	不需要煮糖水。
蛋白霜	製作義式蛋白霜，需要把煮好的糖水倒到蛋白裡打發。	製作法式蛋白霜，砂糖加入到蛋白裡直接打發。
結皮時間（相同溫度和濕度下）	較長。	較短。
烘烤	15 ～ 17 分鐘。	15 ～ 17 分鐘。

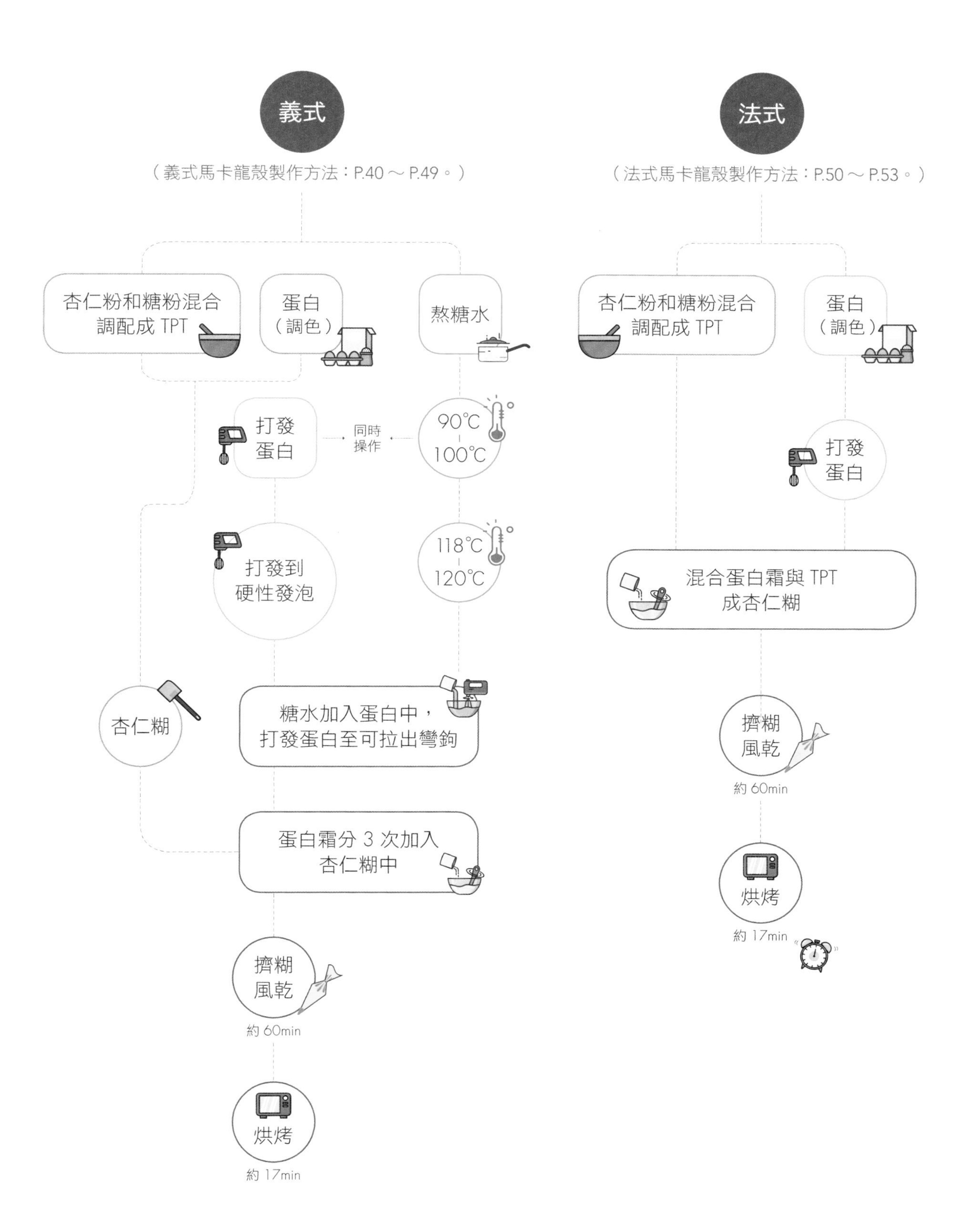
義式
（義式馬卡龍殼製作方法：P.40～P.49。）
杏仁粉和糖粉混合
調配成 TPT
蛋白
（調色）
熬糖水
打發
蛋白
同時
操作
90℃
100℃
打發到
硬性發泡
118℃
120℃
杏仁糊
糖水加入蛋白中，
打發蛋白至可拉出彎鉤
蛋白霜分 3 次加入
杏仁糊中
擠糊
風乾
約 60min
烘烤
約 17min
法式
（法式馬卡龍殼製作方法：P.50～P.53。）
杏仁粉和糖粉混合
調配成 TPT
蛋白
（調色）
打發
蛋白
混合蛋白霜與 TPT
成杏仁糊
擠糊
風乾
約 60min
烘烤
約 17min

basic 04

基礎馬卡龍殼

製作馬卡龍殼失敗的原因

頂層少許空心，但內部綿密，呈蛋糕體組織

材料和工具是直接可以決定馬卡龍成敗的，在所有的失敗問題中，空心問題首當其衝，重複失敗率極高。造成空心最主要的原因就是烘烤時間不足，這裡說的空心指的是殼上面一點點空，但是下面組織還是有的。出現這種情況，很多人是非常生氣的，因為總是感覺距離成功就只差一點點了——確實是這樣，出現這種狀況表明你距離成功真的只差了一兩分鐘而已。

解決方法就是延長烘烤時間。每次授課我都會告訴我的學生，在最初做馬卡龍的時候，不要去糾結上色的問題，因為如果你總是在意馬卡龍是否上色，總是不敢對馬卡龍進行足夠時間的烘烤，就容易造成空心。在烘烤馬卡龍的時候，適當加長烘烤時間，雖然會有些上色過重，但是只要組織是好的，就說明材料、工具還有操作是正確的，那麼最後只要適當減少烘烤時間就可以了，磨合兩三次就能找到一個準確的烘烤時間。這種空心的馬卡龍殼，夾好餡回軟之後，基本不會影響品嘗，味道也不會差很多。

大空心，內部粗糙沒有組織

造成這種情況最主要的原因就是蛋白消泡以及蛋白霜打發過度。

杏仁粉是製作馬卡龍的重要原料之一，它是由扁桃仁磨製而成的。扁桃仁是一種極易出油的堅果，因此杏仁粉在加工、運輸以及儲存的過程中，會因為各種原因出現出油的現象。如果出油過大，就會造成蛋白消泡。當你覺得使用的杏仁粉特別潮濕時，並不是它的水含量過多，而是它已經出油了。

如何解決杏仁粉出油的問題呢？第一，在購買杏仁粉時，要盡量選擇比較乾爽的杏仁粉。如果使用了不新鮮的杏仁粉，也會造成組織粗糙有大洞孔；第二，在操作的時候，手法盡量要快，不可以反覆攪拌，觀察好狀態，要在麵糊變得非常稀之前，完成攪拌。

另外一個造成大空心的原因就是蛋白打發過度，不論是做義式蛋白霜還是法式蛋白霜，都切忌打發過度。蛋白會因打發過度而破裂，做出來的馬卡龍就會出現大空心和組織粗糙。

外殼裂開

裂開也是製作馬卡龍時最常出現的問題之一。例如，頂部裂開、側面裂開，或者整盤有個別裂開。

在講這個問題的解決方法之前，先來說一下馬卡龍標誌性的裙邊是如何出來。當我們攪拌好杏仁糊後，需要將杏仁糊按一定形狀和大小擠在高溫烤盤布上，之後是結皮。結皮有室溫結皮和烤箱烘皮兩種方法，結皮的目的是為了讓馬卡龍表面形成一層結實而軟的薄膜。在製作馬卡龍的過程中，會使用大量的砂糖和糖粉，當烘烤馬卡龍殼的時候，這些糖會在這層薄膜下面沸騰，遇熱劇烈沸騰的糖無法頂破薄膜，就會從底部慢慢地滲出，形成一圈漂亮的蕾絲裙邊。但是，如果這層薄膜形成得不夠結實，沸騰的糖就會把薄膜撐破，導致裂開。因此，解決裂開的有效方法就是增加風乾時間。

如果風乾時間充足，還是出現裂開現象，我們得從源頭——原料方面去找原因。

講一個真實的案例：有一位學員參加了視訊馬卡龍課程，過了幾天微信問我，為什麼烘烤馬卡龍殼時一直裂開？我問材料都對嗎？答：全部都對。如果材料沒有問題，裂開也就只剩一個原因了，就是風乾結皮時間不夠。那個時候剛好是七月份，南方已經進入梅雨季，空氣的濕度一直在 80% 以上，這種情況，如果不使用烤箱烘烤結皮的話，也只有冷氣房能滿足條件了。這位學員非常認真地風乾結皮，從發過來的小影片來看，薄膜幾乎都是硬硬的了，可是一進烤箱又出現裂開的問題。一天下來連續烤了七八盤都是如此。這就奇怪了，如果材料沒有問題，結皮也沒有問題，馬卡龍殼怎麼還是裂開呢？沒辦法，我只好叫學員把她使用的材料全部拍照片給我看，當我看到全部材料的照片時，我立刻清楚問題出在哪裡了！就是糖的原料沒有用對！因為她使用的是粗砂糖而不是細砂糖！這位學員平常做蛋糕比較多，她一直用粗砂糖做蛋糕，雖然我上課時一直強調做馬卡龍要用細砂糖，但是她還是習慣性地使用了粗砂糖。真相終於大白，當她將粗砂糖換成細砂糖後，裂開問題迎刃而解。

綿白糖與粗砂糖皆含有較多的雜質並且含水多，對馬卡龍來講，是不適合的。使用了含水量較高的粗砂糖無疑會增加配方中水的含量並使糖的量減少。錯用粗砂糖會導致烘烤出的馬卡龍殼產生各種各樣的裂痕，這也就是很多人不管怎樣風乾結皮，馬卡龍殼卻一直裂開的原因。

無裙邊或裙邊很小不飽滿

馬卡龍的蕾絲裙邊飽滿與否，跟結皮狀態是密不可分的。結皮不到位除了會出現裂開的情況外，還會出現裙邊小、不飽滿，馬卡龍殼的表面有油斑，殼太薄，有褶皺等現象。馬卡龍殼結皮越結實，裙邊就會越飽滿。但是，風乾過度又會造成馬卡龍殼表面粗糙沒有光澤。因此，風乾結皮也要把握好時間，放到形成一層結實的薄膜即可。

殼表面有油斑，殼很薄很軟

出現油斑、皮薄，另一個原因是加入完糖水後的蛋白霜打發不到位，在少量操作時，加入糖水後蛋白打發一定要注意保溫，否則會導致蛋白打發不到位，從而出現皮薄、有油斑的情況發生。

歪裙邊，裙邊過大、過蓬鬆

出現歪裙邊這種情況一個原因是擠杏仁糊時擠得過小同時風乾時間過長，另一個原因是下面墊了較厚的矽膠墊，有些矽膠墊因為太厚，烘烤時就會造成底部受熱不均勻。普通的馬卡龍殼直徑在 4cm 左右，如果大小不好掌握，可以在烤盤布下面墊一個馬卡龍圓圈墊子作為參考，擠好後拿出即可。如果馬卡龍殼需要擠得比較小，那相對地減少風乾的時間，也可以解決這個問題。

馬卡龍殼的裙邊過大、過蓬鬆是因為什麼呢？首先，杏仁糊過乾，或在第一、第二次翻拌按壓時，蛋白沒有澈底消泡，這些都會造成組織和裙邊過於蓬鬆不緊密；其次，風乾過久，導致表面薄膜太硬，烘烤後裙邊就會膨出過大。解決的辦法是我們在第一、第二次翻拌杏仁糊時要反覆按壓，讓蛋白霜澈底消泡，並適當減少風乾時間，就可以解決裙邊過於蓬鬆不緊密的問題。

馬卡龍殼上有小尖角

馬卡龍殼上有小尖角，主要是因為杏仁糊太濃稠，導致擠完之後上面的尖角不能通過震盤來消除。我們在混合 TPT 時，可以根據杏仁粉的乾濕程度適當調整蛋白或者 TPT 粉的量來達到杏仁糊的最佳狀態（呈半流體狀）。杏仁糊在第一、第二次翻拌的時候，要澈底按壓消泡。擠完杏仁糊之後，要用力震一下烤盤，或者將小筆刷筆頭沾濕後，輕輕地將小尖角刷平即可。

馬卡龍殼黏底，底部有凹陷

黏底的原因有兩個：第一是烘烤不足，馬卡龍殼沒有熟透；第二是馬卡龍殼剛剛烤好，還沒有等涼透，就急於把馬卡龍殼從烤盤布上剝離。解決的方法很簡單，首先可以適當延長烘烤馬卡龍殼的時間；另外，當馬卡龍殼烘烤完成後，將它靜置在室溫放涼，然後再將其從烤盤布上取出。如果使用過厚的矽膠墊會造成底部受熱不均勻，也會造成這種情況。

馬卡龍上色過重

馬卡龍上色過重是由於烘烤時烤箱的溫度太高、烘烤時間過久造成的。因為烤箱的調性差異，烤箱內部溫度如果溫差過大，升溫過快，就容易出現這個問題。解決方法是：烘烤馬卡龍的時候適當調低烤箱的溫度，減少烘烤時間；烤完之後，立即從烤箱內取出馬卡龍。烘烤完成後，如果馬卡龍一直放在烤箱內，同樣會上色過重。

馬卡龍表面有水痕

出現這種情況是因為在用小筆刷整理馬卡龍殼的表面時，筆頭的水蘸得過多，造成了結皮程度不均，烘烤出來後就會出現水痕。

其他問題

馬卡龍成功的標準只有一個，但失敗的狀況卻各式各樣，而且經常會出現一些讓人摸不著頭緒的問題。這裡我給大家總結了一些製作馬卡龍過程中常見的失敗狀況及解決辦法：

① 馬卡龍殼脆而硬

如果馬卡龍殼的烘烤時間過長，會造成裡面的水分蒸發過多，使殼變得又脆又硬，這個時候我們要透過減少烘烤時間來解決這個問題。

② 回軟太慢

如果夾餡過少也會影響馬卡龍回軟的速度。一般夾餡的厚度可以參考單片馬卡龍殼的厚度。

③ 不同環境的結皮時間

中國南方一些地區空氣的濕度比較高，進入梅雨季節，有的濕度會達到 80% 以上。室內的濕度過大，結皮是非常困難的。這個時候我們可以借助例如風扇、冷氣、除濕機，或者烤箱的低溫熱風功能來幫助烘烤，要注意烘烤時烤箱內部實際溫度以 35°C 左右為宜。

④ 馬卡龍殼表面不平整，有很多氣泡

因為杏仁粉含油量較大，因此在攪拌時，蛋白霜會快速消泡，攪拌完成後的杏仁糊中會充斥大量的空氣。因此，煮完糖水後要等糖水中的大氣泡消失之後再倒入蛋白中打發；加入糖水後應將蛋白霜打得稍硬，混合杏仁糊時的手法要既輕且快；擠完馬卡龍殼後，可以輕震烤盤，震出裡面的部分氣泡，最後再用牙籤把氣泡輕劃小圈慢慢挑破。

⑤ 變色嚴重

各種水果粉、蔬果粉都不適合當色粉來使用，進到烤箱裡會嚴重變色而且還會影響到杏仁糊的狀態，烘烤出來的馬卡龍殼極易空心。法國 DR 色粉中的葡萄紫色也會嚴重變色，如果想要漂亮的紫色，可以用聖誕紅或者玫紅加天藍色或者湖藍色進行調色。

⑥ 馬卡龍組織粗糙

這樣的馬卡龍，還不能完全算在失敗範圍內，但是又不能稱為完美！主要原因是使用了不新鮮的蛋白，或者蛋白存放時間過久。解決的方法很簡單，使用新鮮蛋白就可以！

⑦ 倒入糖水後蛋白霜打不硬

問題分析可參考 P.44 的 Tips「打發義式蛋白霜的溫度控制」。

basic
05

基礎馬卡龍殼

馬卡龍
的結皮狀態

沒有結好皮的馬卡龍殼，用手指輕觸，杏仁糊會被黏起來，這個時候需要再繼續風乾結皮。

已經結好皮的馬卡龍殼，用手指輕觸完全不黏手，光滑稍有彈性，並可以感覺到表面是一層軟軟的結實的薄膜。

basic

06

基礎馬卡龍殼

馬卡龍殼的調色

素色的馬卡龍是粉嫩的米色，那是杏仁粉呈現出來的自然顏色，想讓馬卡龍呈現出更多顏色，可以適量添加色素，也可以透過在 TPT 粉中添加抹茶粉、可可粉、竹炭粉或紅麴粉等來調色，這就是馬卡龍的調色。

製作步驟 Step by Step

01 把蛋白倒入調理盆中，用小湯匙取少量色粉，加入蛋白中。

02 用刮刀輕輕攪拌色粉與蛋白，使它們均勻地混合在一起。

03 把杏仁粉和糖粉過篩到蛋白中。

04 用刮刀先輕輕撥散 TPT 粉再攪拌均勻，攪拌到沒有乾粉即可。

01

02

03

Tip

色粉也可以直接添加到打發用的蛋白裡，但是純天然色粉不可以加到打發用的蛋白裡，比如：抹茶粉、竹炭粉、紅麴粉等。

04-1

04-2

螢光粉

basic

07

基礎馬卡龍殼

法式馬卡龍殼的混色

- 星空馬卡龍 -

材料配方 Ingredients

A. TPT

杏仁粉 60g、糖粉 60g

B. 蛋白霜

蛋白 42g、細砂糖 45g

調色色粉｜ⓐ 聖誕紅 ●：天藍色 ● = 4：1
ⓑ 聖誕紅 ●：天藍色 ● = 1：4
ⓒ 金色螢光粉 ●、銀色螢光粉 ●

製作步驟 Step by Step

❶ 打發蛋白

01 用針筒抽取 42g 蛋白到調理盆裡。藉由針筒可快速準確地秤量蛋白。

02 電動攪拌機中高速打發蛋白，邊打發邊把細砂糖分 3 次加入到蛋白中。

03 將蛋白打發至硬性發泡，此時有清晰的紋路且能拉出一個彎鉤。

04 打好的蛋白霜平均分成兩份（大約 42g 一份），分別放到兩個調理盆中。

❷ 蛋白霜調色

05 將天藍色、聖誕紅兩種色粉以 1：4 的比例和 4：1 的比例，分別加入到兩個裝有蛋白霜的調理盆中。

06 用小刮刀分別將兩份色粉和蛋白霜混合均勻。

❸ 混合杏仁糊

07 杏仁粉與糖粉平均分成兩份（各 30g）混合過篩，分別倒入已經混合好色粉的兩個蛋白霜盆中。

08 兩種顏色的麵糊分別使用切拌的方式輕輕翻拌，拌至刮刀挑起麵糊，麵糊呈半流體狀緩緩流動、但又不會太稀的狀態就可以了。

07-1 07-2 08-1 08-2 08-3 08-4

❹ 擠糊

09 兩種顏色的麵糊分別裝入兩個擠花袋中。

10 兩個擠花袋頂端分別剪 0.5cm 的小口，一起裝入一個放有圓形擠花嘴的大號擠花袋中。

11 擠杏仁糊時劃圈並晃動擠花嘴，擠出的馬卡龍殼就可以形成漂亮的紋路。如果不熟練，可以多練習幾次，找找感覺，包括力度、方向等。

12 小筆刷分兩次蘸上銀色和金色螢光粉，輕輕地抖到馬卡龍上，呈現星空效果。

❺ 結皮及烘烤

13 把烤盤布拖到烤盤上，室溫自然結皮，直到表面形成一層不黏手的結實的薄膜就可以了。

14 烤盤放入提前預熱好的烤箱中，用 155 ～ 160°C 烤 15 ～ 17 分鐘即可。

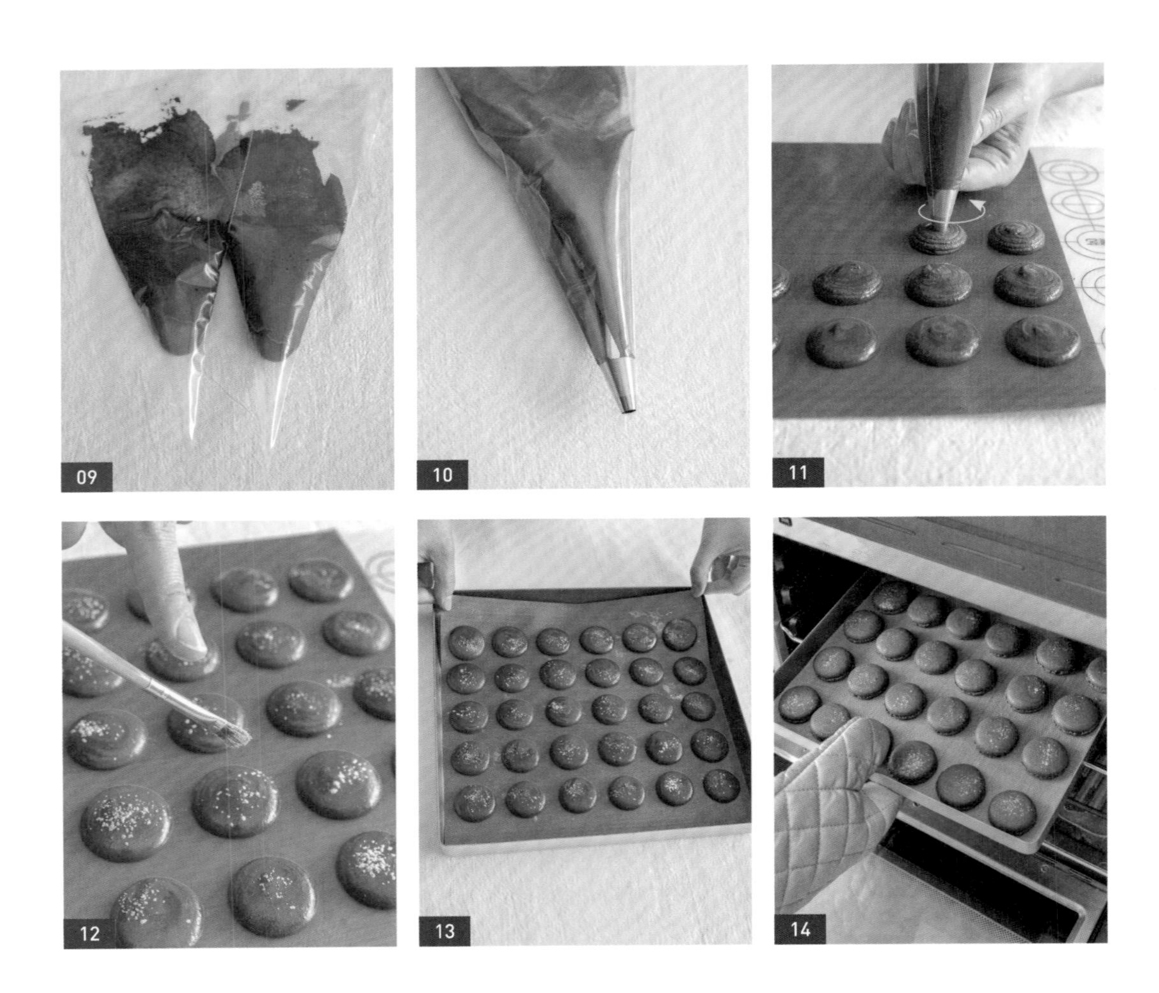

basic

08

基礎馬卡龍殼

義式馬卡龍殼的混色

- 雙色馬卡龍 -

basic 08

基礎馬卡龍殼

義式馬卡龍殼的混色

××× 雙色馬卡龍 ×××

材料配方 Ingredients

A. TPT（適合杏仁粉偏乾的配方）

杏仁粉 90g、糖粉 90g、蛋白 33g

調色色粉｜橘色 ●（少許）

B. 熬糖水

水 22g、砂糖 75g

C. 蛋白霜

蛋白 33g、細砂糖 10g

製作步驟 Step by Step

❶ 混合 TPT（兩份）及熬糖水

01 把 A 材料（色粉除外）平均分成兩份。同時開始熬煮糖水。

02 把橘色色粉放到其中一份 A 材料中的蛋白中。

01

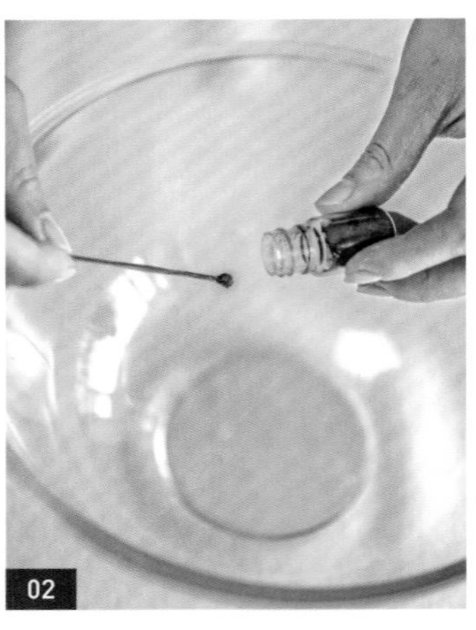
02

03

03 用刮刀將蛋白與橘色色粉混合均勻。

04 把分好的兩份 TPT（杏仁粉與糖粉混合粉）分別過篩到兩份蛋白中。

05 用刮刀輕輕攪拌均勻，不可過度攪拌。

❷ 義式蛋白霜

06 C 材料中的細砂糖加到蛋白中，用電動攪拌機將蛋白快速打發到硬性發泡。

04-1 04-2 05-1 05-2 06-1 06-2

07-1

07-2

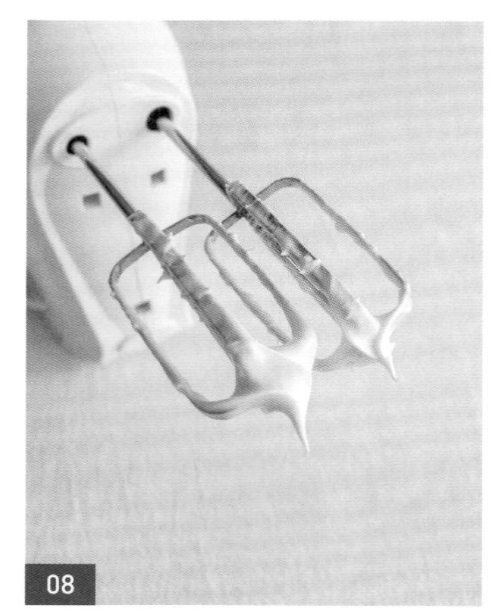
08

07 糖水煮至 118 ～ 120°C，緩慢地倒到步驟 6 打好的蛋白霜中。

08 加入糖水後繼續高速打發，直到蛋白霜可以拉出大彎鉤，紋路清晰且呈現出細膩有光澤的狀態，即成義式蛋白霜。

09 打好的義式蛋白霜秤好總重量，平均分成 4 份，每份大約 26.5g（每次重量會稍有偏差）。

❸ 攪拌杏仁糊

10 4 份蛋白霜分兩次分別加入兩種顏色的杏仁糊中，壓拌混合均勻。混合好的杏仁糊呈流動狀可以緩慢流下。

09-1

09-2

10-1

10-2

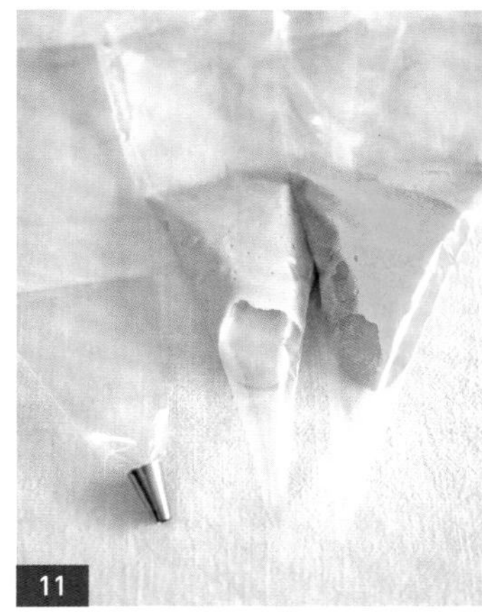

11

12

11 兩種顏色的杏仁糊各自裝入擠花袋中，頂端剪一個 0.5cm 的小口。

12 圓形花嘴套到一個稍大的擠花袋中，再把兩種顏色的杏仁糊一起裝入。

❹ 擠糊及結皮

13 擠的時候，稍微晃動擠花嘴轉圈，就可以擠出漂亮的鳳尾紋路。如果效果不好，就需要反覆練習找到感覺，包括力度、方向等。

14 擠好後的馬卡龍殼需要結好皮才能進入烤箱烘烤（詳細見 P.63 馬卡龍的結皮狀態）。155 ～ 160°C，烤 15 ～ 17 分鐘即可。

13

14

II 基礎馬卡龍餡料
Basic Macaron Filling

basic

01

基礎馬卡龍餡料

義式蛋黃奶油霜

材料配方 Ingredients

細砂糖 50g、水 25g、蛋黃 80g、無鹽奶油 200g、鹽 1g

製作步驟 Step by Step

01 分離好的蛋黃放到調理盆中，使用電動攪拌機高速打發到顏色變淺、發白，呈濃稠狀，提起攪拌機頭可以有清晰且不會馬上消失的紋路。（這個過程需要 5 ～ 10 分鐘，要有耐心哦。）

01-1

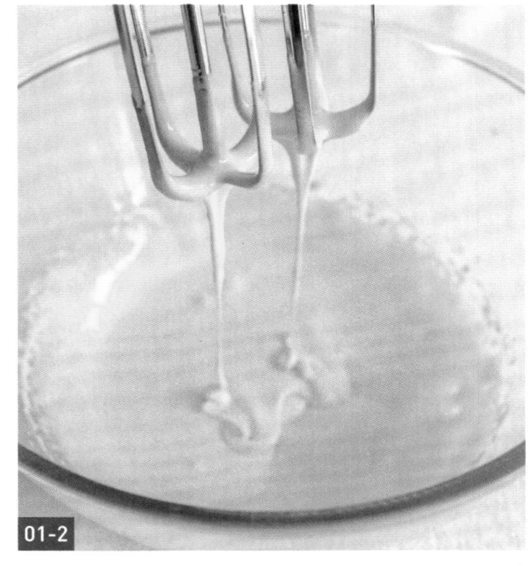
01-2

Tip

這是一款非常基礎且很好吃的奶油霜夾餡，你可用這款基礎夾餡變換出各種美妙的口味。你可以任意將你喜歡的果醬、果泥、堅果加到裡面來。在加入比較稀的果泥時，要分三次加入，每次都要讓奶油霜完全吸收之後再加入下一次。你也可以直接將果醬擠到奶油夾餡的中間位置，做成餡中餡，這會使馬卡龍的風味更加有層次感。

用不完的奶油霜夾餡可以放到冰箱冷凍起來，下次使用的時候，放置在室溫下解凍到微軟狀態，再用手動或者電動攪拌機打到滑順就可以繼續使用了。

02-1

02-2

03-1

02 小鍋內倒入細砂糖和水，用黑晶爐小火煮到 115°C。將糖水慢慢倒入打好的蛋黃液中持續攪打。倒糖水的時候注意避開攪拌機頭，以免糖水飛濺，同時也要避開攪拌機的出風口。攪打均勻後，將蛋黃液在室溫中放涼。

03 奶油切成小塊，提前放置在室溫中軟化。用電動攪拌機把奶油攪打至滑順。

04 把放涼的蛋黃液分兩次倒入到攪打好的奶油中並加放鹽，繼續攪打至奶油蓬鬆呈羽毛狀。

05 製作好的蛋黃奶油霜非常柔軟滑順。

03-2

04

05

Tip

如果蛋黃液沒有充分放涼就倒入打發好的奶油中，奶油會非常稀軟，遇到這種情況可以立即將奶油放到冰箱中，冷藏 10 分鐘左右再拿出來繼續攪打即可。

basic

02

基礎馬卡龍餡料

義式蛋白奶油霜

Tip

在邊加入糖水邊打蛋白時，糖水要避開攪拌機頭，以防糖水四濺傷到人。這是一款馬卡龍的基礎夾餡，可以一次製作多份，做好後放入保鮮盒分裝好，放入冰箱冷凍。在下次使用時，提前取出奶油霜恢復到室溫，再用攪拌機把奶油霜打到滑順即可用於調味，非常方便。

basic

02

基礎馬卡龍餡料

義式蛋白奶油霜

材料配方 Ingredients

細砂糖 58g、水 18g、蛋白 35g、無鹽奶油 150g

製作步驟 Step by Step

01 使用電動攪拌機中高速把蛋白打到硬性發泡，提起攪拌機時有一個小尖角。

02 小鍋裡倒入水和細砂糖，使用黑晶爐中小火煮糖水，煮沸後不要攪拌，以免糖結晶。糖水煮到 116 ～ 119°C 時，用電動攪拌機邊攪打蛋白邊將糖水加入蛋白裡。

03 倒完糖水之後繼續打發蛋白，打到提起攪拌機頭，蛋白霜有一個大彎鉤就可以了。

04 把已經完全軟化好的奶油放入打好的蛋白霜中，用電動攪拌機中速打發，打到呈蓬鬆滑順的狀態。

05 打好的義式蛋白霜是非常細膩滑順的。

01-1
01-2
02
03-1
03-2
04-1
04-2
05

basic
03

基礎馬卡龍餡料

甘納許

- 桂花白巧克力口味 -

我非常喜歡桂花的味道，桂花溫肺化痰、散寒止痛，用桂花泡水喝還可以消除口腔異味。我喜歡吃用桂花製作的各種美食，但把桂花用在馬卡龍夾餡上我還是第一次嘗試。在 2016 年全國家庭烘焙大賽上，我設計的這款夾餡馬卡龍得到了國內外評委的認可，獲得第二名，這些評委中還有 Mofo 和米其林的大廚哦！

材料配方 Ingredients

白巧克力 200g、淡奶油 180g、乾桂花 15g、無鹽奶油 20g、吉利丁片 4g

製作步驟 Step by Step

01 先將 15g 乾桂花中的 5g 取出備用。另外 10g 乾桂花放入淡奶油中，用黑晶爐小火煮開後關火，蓋上蓋子在黑晶爐上燜 5 分鐘。

02 提前把吉利丁片剪成小塊，泡入冰水中，放到冰箱裡泡軟後取出，將水瀝乾，隔熱水融化成液體。

03 將桂花淡奶油用濾網濾到裝有鈕扣白巧克力的盆中，用湯匙按壓桂花，讓融有桂花香的淡奶油完全濾出到鈕扣白巧克力上。

04 過濾後的淡奶油完全覆蓋住鈕扣白巧克力。如果降溫過快，可將白巧克力溶液重新加熱至沸騰。

05 使用湯匙劃小圈攪拌鈕扣白巧克力與淡奶油，攪拌至完全融化，呈滑順無顆粒狀態。

06 倒入吉利丁液，攪拌均勻。

07 將備用的 5g 乾桂花倒入，攪拌均勻。

08 把軟化好的奶油放到巧克力溶液中，混合均勻。

09 放入冰箱中，每隔 10 分鐘拿出攪拌一次，約半小時後取出，呈半凝固狀即可。

如果不使用吉利丁片，需要冷藏 24 小時以上就可使用。

basic

04

基礎馬卡龍餡料

甘納許

- 黑巧克力口味 -

材料配方 Ingredients

巧克力 100g（可可脂含量 50% ～ 70%）、淡奶油 80g、奶油 20g

巧克力中可可含量越高，餡料的味道就會偏苦偏酸，同樣可可含量越低，餡料的味道就會偏甜，可根據個人的口感喜好來選擇甘納許的配料。

製作步驟 Step by Step

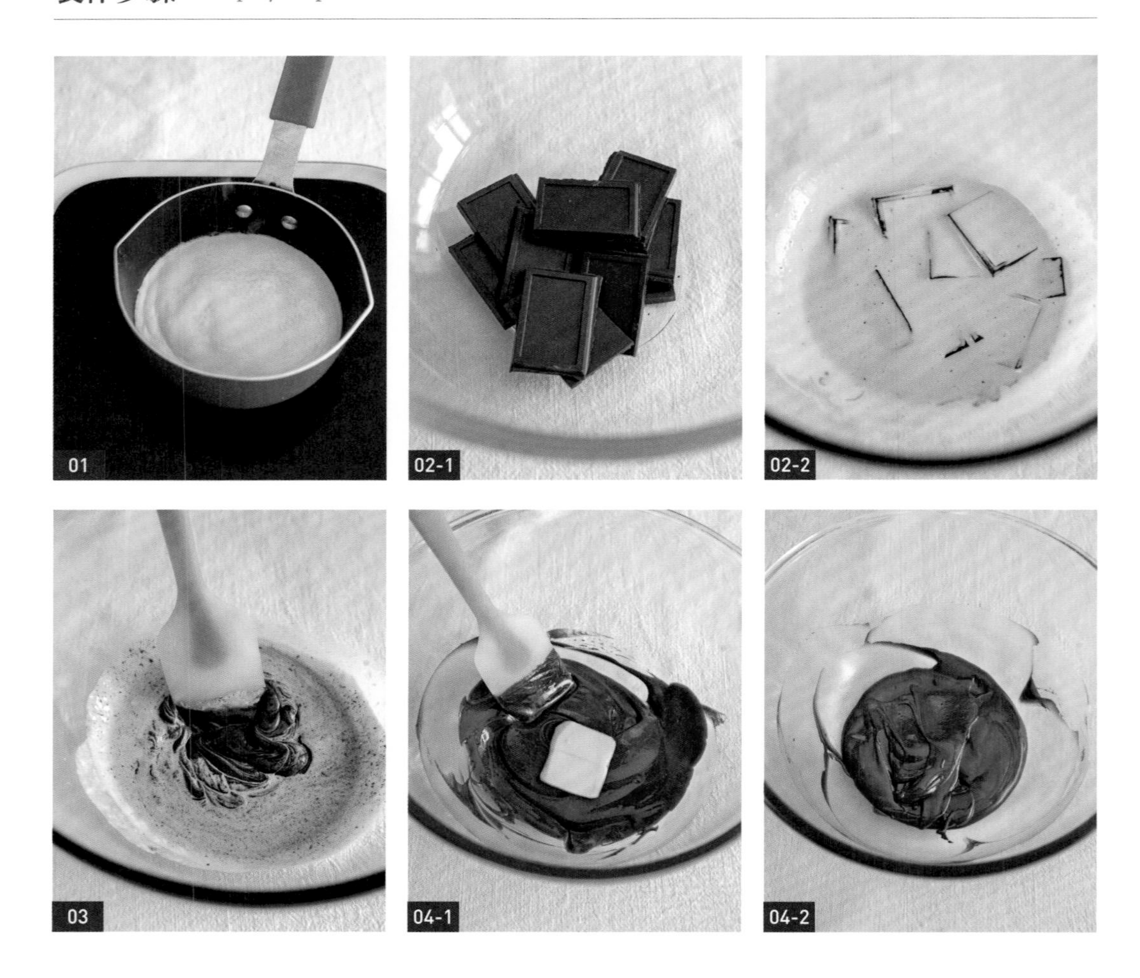

01 將淡奶油倒入小鍋中，開黑晶爐小火煮至淡奶油沸騰後離火。

02 煮滾的淡奶油倒入巧克力塊中，使淡奶油將其完全覆蓋。

03 用刮刀輕輕劃小圈攪拌，直到巧克力完全融化，攪拌均勻。

04 放入室溫軟化好的奶油，攪拌均勻。

05 巧克力甘納許放入冰箱冷藏大約半小時，每隔 10 分鐘拿出攪拌一下，呈半凝固狀即成。

basic

05

基礎馬卡龍餡料

奶油乳酪

- 海鹽口味 -

鹽之花是近幾年法式高級料理中的必備調味料，它產自布列塔尼南岸有上千年歷史的給宏德鹽田區。海鹽帶有奇異的紫羅蘭香味，它可以使菜餚的味道柔美清澈，讓食材原味充分顯露。我在這款馬卡龍的夾餡中添加了海鹽，它的味道能瞬間征服你的味蕾。

製作這款餡料，打發蛋黃需要的時間會比較長，電動攪拌機要攪打 5 分鐘以上，打發時要有足夠的耐心。這款夾餡可以一次做多份，製作完成後，將剩餘的餡料放入擠花袋冷凍儲存。使用時提前拿到室溫中恢復到軟化的狀態，再用攪拌機重新攪拌到滑順就可以繼續使用了。

basic
05
基礎馬卡龍餡料

奶油乳酪

××× 海鹽口味 ×××

材料配方 Ingredients

奶油乳酪 220g、蛋黃 2 個、砂糖 50g、無鹽奶油 200g、法國鹽之花 1g

製作步驟 Step by Step

01 砂糖放入到蛋黃中，用電動攪拌機攪打蛋黃到濃稠且發白，提起攪拌機頭，蛋黃液滴落後不會馬上消失。

02 把法國鹽之花加入打好的蛋黃液中，攪拌均勻。

03 奶油乳酪用電動攪拌機先低速打散，再中高速打至滑順沒有顆粒。

04 把打發好的蛋黃液倒入奶油乳酪中，攪打均勻。

05 室溫軟化好的奶油放入打好的乳酪糊中，再繼續使用電動攪拌機攪打均勻，直到呈滑順蓬鬆的狀態。

06 成品滑順蓬鬆沒有顆粒。

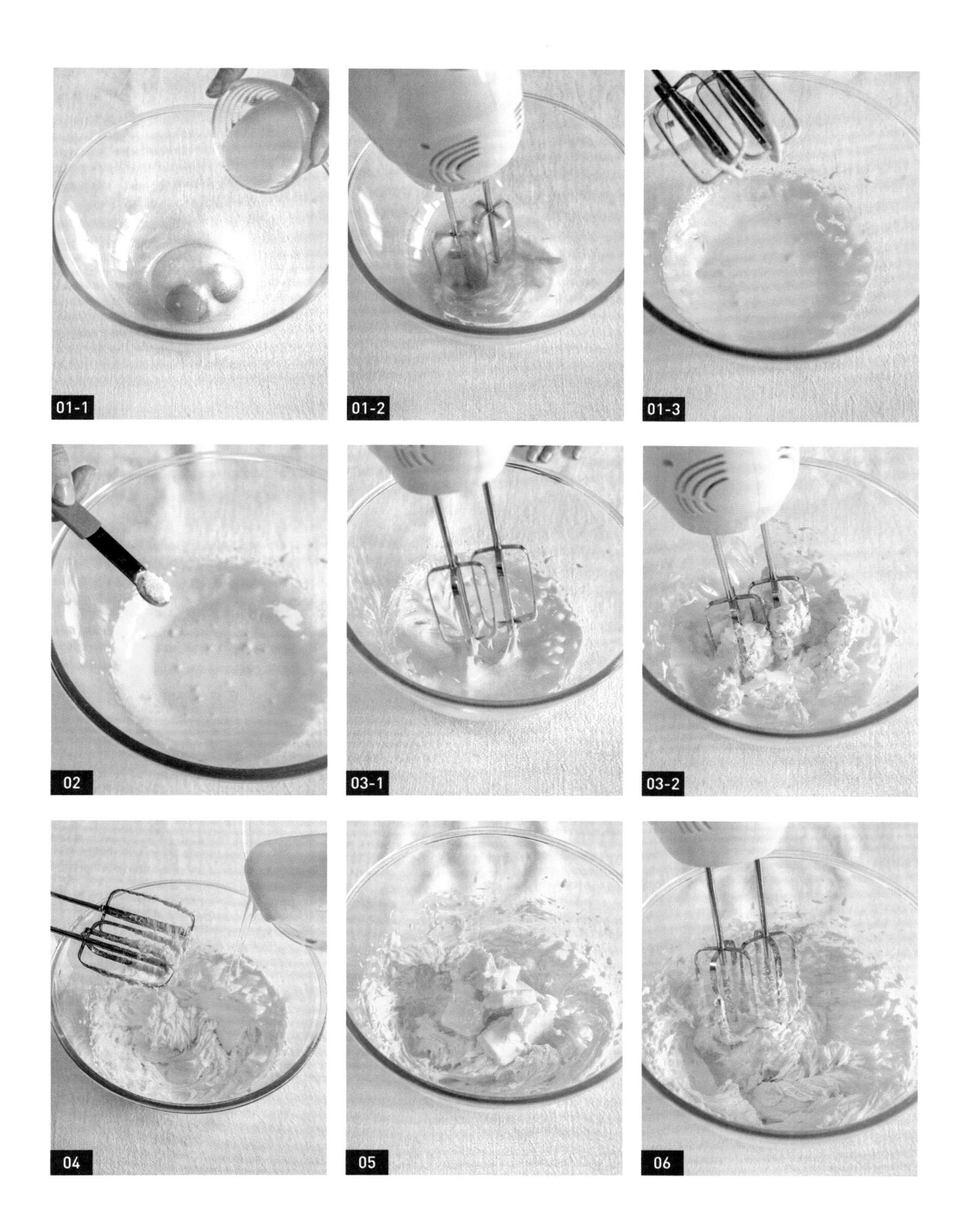
01-1
01-2
01-3
02
03-1
03-2
04
05
06

超市裡的果醬大都含有人工果膠，而我們自己手工熬製的果醬，沒有任何添加劑，健康又好吃。水果要選擇新鮮、無撞傷、無軟爛的，清洗乾淨待乾後即可使用。對於甜度比較大的水果，加入檸檬汁可以平衡果醬的風味。製作果醬時，砂糖和檸檬汁可以幫助果膠的釋出，也可以適當增加果醬的保存期限。我的配方中的細砂糖比例已經最大限度地降低了，口味上甜度適中。熬製好的果醬可以裝到高溫消毒過的玻璃瓶中冷藏保存，並最好在一周內食用完。自製果醬塗在麵包或者蛋糕上吃都別有風味。

在熬果醬的時候，開鍋時，鍋裡會一直冒小氣泡，果醬會一直往外濺，這個時候可以拿鍋蓋擋一下，以免被燙到。

basic

06

基礎馬卡龍餡料

果醬

××× 草莓口味 ×××

材料配方 Ingredients

新鮮草莓 100g、細砂糖 20g、新鮮檸檬汁數滴

製作步驟 Step by Step

01 將新鮮草莓清洗乾淨，瀝乾水。

02 去掉草莓蒂頭，切成小塊。

01

02

03 把切好的草莓塊放到調理機裡攪打成泥。

04 攪打成泥的草莓放入小鍋裡，加入細砂糖。

05 大火煮滾，不斷攪拌，用湯匙去掉浮沫。

06 新鮮檸檬手工榨汁，倒入小鍋內，小火繼續加熱攪拌。

07 熬至果醬變得黏稠，開大火煮 1 分鐘收汁，裝入容器中，室溫自然放涼。

果泥跟果醬不同，果泥是新鮮水果加工後直接冷凍保存的，果泥產品一般以進口的居多。使用果泥可以很好地解決過季水果的問題，用起來也方便。添加吉利丁片，把果泥製成果凍，將它用於馬卡龍夾餡，非常方便，也很美味。

basic

07

基礎馬卡龍餡料

水果果凍

××× 覆盆子口味 ×××

材料配方 Ingredients

果泥 150g、糖粉 30g、吉利丁片 2g

製作步驟 Step by Step

01 吉利丁片剪成小塊，放入礦泉冰水中泡軟，然後將水瀝乾，再隔熱水把吉利丁片融化成液體。

01-1

01-2

01-3

02 小鍋中倒入三分之一的覆盆子果泥。

03 加入糖粉與果泥混合。

04 放到黑晶爐上，小火加熱到 45°C，充分攪拌使糖粉完全融化，離火。

05 把融化成液體的吉利丁倒入到果泥中，混合均勻。

06 再加入剩餘的果泥，攪拌均勻。

07 將攪拌好的果泥倒入一個平盤中，蓋上保鮮膜。

08 放入冰箱，急速冷凍一小時之後取出，用小刀切成小丁即可使用。

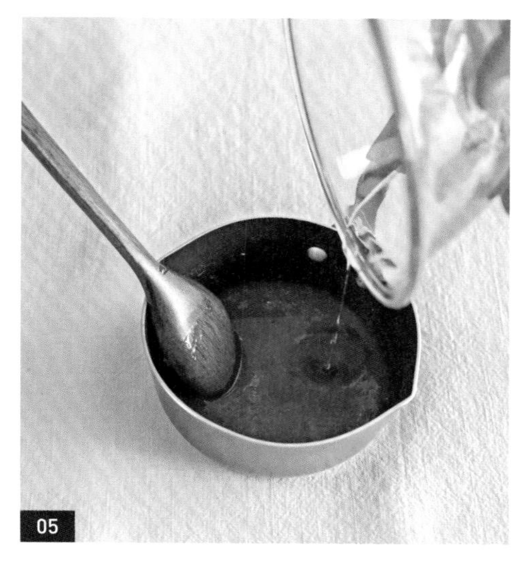

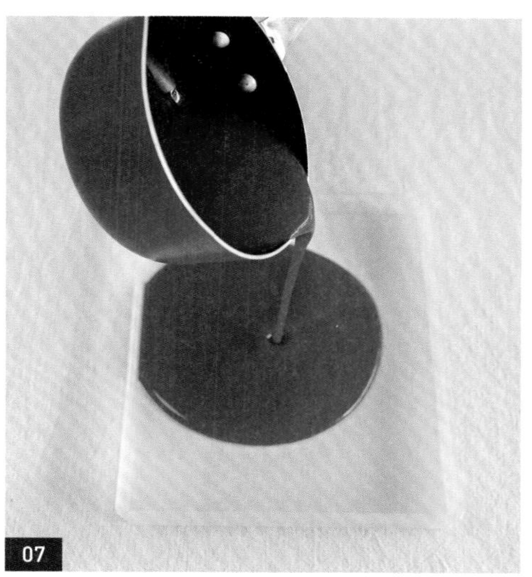

果泥果凍的使用

果凍可以混合到奶油霜中調味，也可以直接做馬卡龍的餡中餡。將果凍小丁放入擠花袋中，用手輕按至軟即可使用。室溫比較高時，擠水果果凍的速度要快，否則果凍會很快融化，影響使用效果。

III 馬卡龍組合
Macaron Combination

basic

01

馬卡龍組合

馬卡龍
基礎夾餡

製作步驟 Step by Step

01 找出大小完全一致的一對馬卡龍殼。如果殼大小不一就夾餡的話，組合好的馬卡龍會不美觀。

02 將裝有馬卡龍餡的擠花袋剪一個 1cm 左右的小口，將夾餡擠到殼的中心位置，要擠得圓潤飽滿，不要擠得歪歪扭扭，這樣組合好之後的馬卡龍才會圓潤光滑。

03 取另外一塊配好對的馬卡龍殼，輕輕地與擠好夾餡的馬卡龍殼合在一起，稍稍按壓，將夾餡擠到幾乎要到馬卡龍殼的邊緣，一個夾餡馬卡龍就做好了。做好的馬卡龍放入密封保鮮盒中，放到冰箱冷藏保存，充分回軟之後就可以享受美味啦。

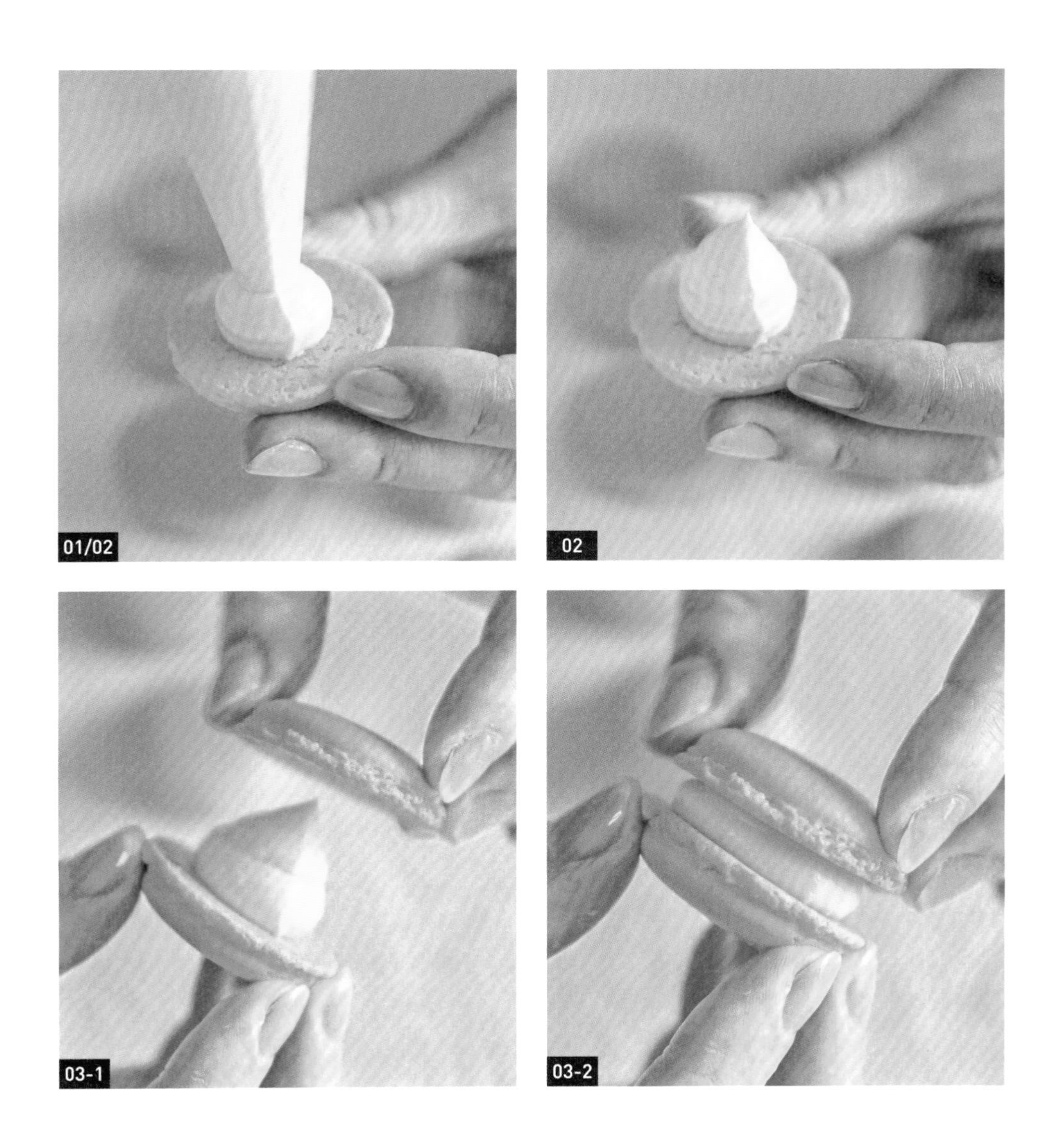
01/02
02
03-1
03-2

basic

02

馬卡龍組合

馬卡龍
花樣夾餡

製作步驟 Step by Step

01 首先找出大小完全一致的馬卡龍殼進行配對。

02 擠花袋上套上 8 齒擠花嘴，擠花袋中裝入夾餡，手握擠花袋沿著馬卡龍殼的邊緣均勻地擠上一圈螺旋狀夾餡。

03 將另一片配好對的馬卡龍殼與擠好夾餡的馬卡龍殼合在一起，稍按壓，放入密封保鮮盒中，放到冰箱冷藏保存，充分回軟之後就可以享受美味啦。

01/02

02

03

basic 03

馬卡龍組合

馬卡龍餡中餡

擠製餡中餡的時候，需要注意中間的果泥不要擠得過滿，果泥果凍在高溫下很容易變稀，擠得太多容易在組合殼的時候溢出來。不同風味的餡中餡可以給馬卡龍帶來更多的口感變化。

製作步驟 Step by Step

01 首先找出一組大小完全一致的馬卡龍殼配對。

02 裝有內餡的擠花袋剪一個 0.5cm 左右的小口，沿著馬卡龍殼的邊緣均勻地擠上一圈餡料，中間留空。

03 將裝有果泥果凍的擠花袋剪一個 0.5cm 的小口，把果泥餡擠到中間位置，注意不要擠得太多，以免溢出來。

04 取另外一塊配好對的馬卡龍殼，輕輕地與擠好夾餡的馬卡龍殼合在一起，稍稍按壓，使夾餡幾乎要到馬卡龍殼的邊緣，一個夾餡馬卡龍就做好了。馬卡龍放入密封保鮮盒中，放到冰箱冷藏保存，充分回軟之後就可以享受美味啦。

01

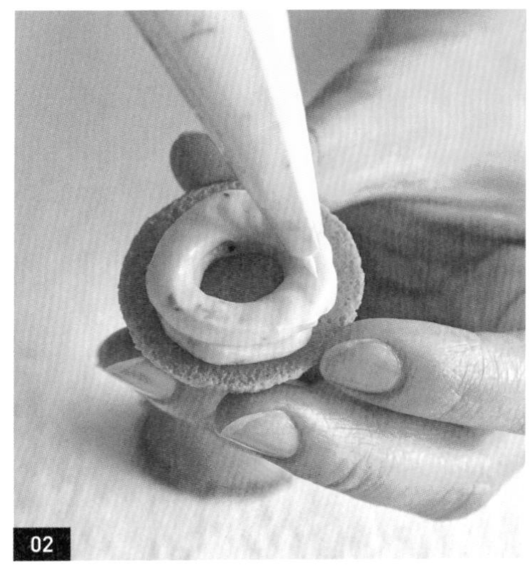
02

03

04

03
馬卡龍邂逅
meet with MACARON

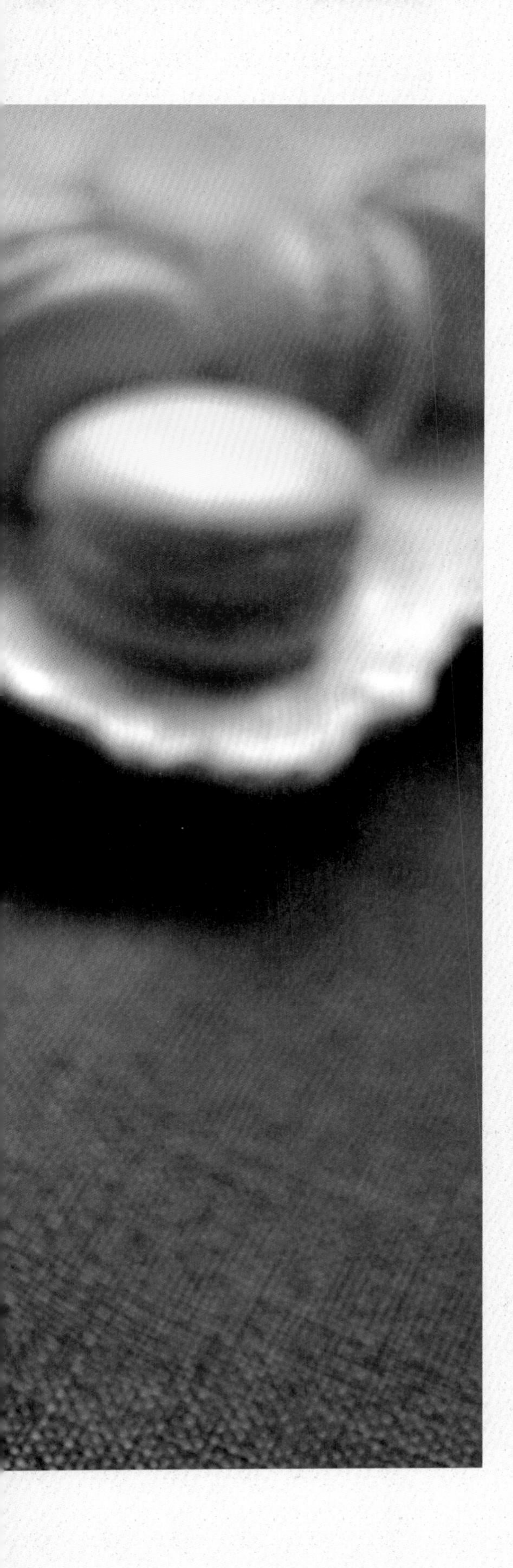

I 經典馬卡龍
Classic Macaron

Classic Macaron

01

桂花覆盆子 義式馬卡龍

[經典馬卡龍]

01 經典馬卡龍

桂花覆盆子
義式馬卡龍

材料配方 INGREDIENTS

義式馬卡龍殼	50 個
鈕扣白巧克力	10g
乾桂花	適量

◇ 桂花巧克力甘納許

◇ 覆盆子果泥果凍

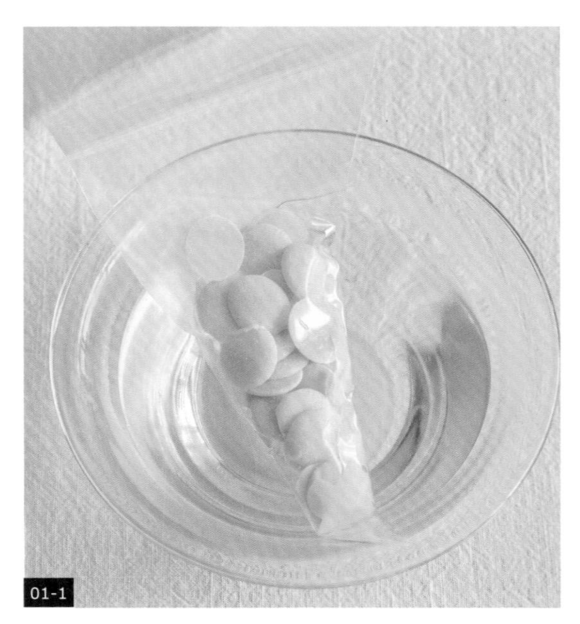
01-1

01-2

製作步驟 STEP BY STEP

❖ 馬卡龍殼：裝飾

（馬卡龍殼製作方法：P.40。）

01 將鈕扣白巧克力裝入擠花袋中，取一個小碗，加入熱水（70°C ～ 80°C），把白巧克力隔水融化成液體，待用。

02 將烤好的馬卡龍殼留在烤盤中，完全放涼。將裝有白巧克力液的擠花袋前端剪一個小口，把巧克力溶液來回不規則地擠在馬卡龍殼表面。

03 淋在馬卡龍殼上面的巧克力液還沒有凝固，撒上乾桂花，放入冰箱冷藏 30 分鐘，定型之後再夾餡。

❖ 餡料：桂花巧克力甘納許

（製作方法：P.84。）

❖ 餡料：覆盆子果泥果凍

（製作方法：P.96。）

❖ 組合：餡中餡

（組合步驟：P.106。）

02

03

Classic Macaron

02

海鹽乳酪雙色星空馬卡龍

[經典馬卡龍]

製作步驟 STEP BY STEP

❖ 馬卡龍殼：法式混色馬卡龍殼

（製作方法：P.66。）

❖ 餡料：海鹽奶油乳酪

（製作方法：P.89。）

❖ 組合：花樣夾餡

（組合步驟：P.104。）

製作這款馬卡龍，盡量不要使用粉末狀的即溶咖啡粉，因為裡面的奶精含量太高。應該買顆粒狀的即溶咖啡，然後使用小網篩把奶精過篩出去；也可以用純咖啡粉，味道會更加濃郁。另外，巧克力可可的含量越高，製作出來的馬卡龍味道會偏苦偏酸，所以，需要根據個人的口味喜好來調整巧克力可可的比例。

Classic Macaron

03

咖啡巧克力馬卡龍

[經典馬卡龍]

材料配方 INGREDIENTS

義式或法式馬卡龍殼 50 個

調色色粉｜檸檬黃

◇ 咖啡乳酪

奶油乳酪	120g	無鹽奶油	80g
咖啡粉	10g	細砂糖	50g
溫開水	5g		

◇ 黑巧克力甘納許

製作步驟 STEP BY STEP

❖ 馬卡龍殼：調色

（馬卡龍殼製作方法：P.40 或 P.50。）

檸檬黃

在混合杏仁粉 TPT 的蛋白裡加入少許檸檬黃色色粉，調成黃色馬卡龍殼。

❖ 餡料：咖啡乳酪

01 取一個小碗，倒入咖啡粉，倒入少量溫開水，用小湯匙慢慢攪動，讓咖啡粉充分溶解，放涼備用。

02 奶油切成小塊，放到室溫中充分軟化，加入細砂糖，用電動攪拌機中速打發到蓬鬆發白且滑順的狀態。

03 奶油乳酪切小塊，加入細砂糖，用電動攪拌機打滑順。

如果室內溫度較低不好攪拌，可以隔溫水加熱，再使用電動攪拌機攪拌。

01

02

03

04 打發好的奶油與奶油乳酪混合在一起，用刮刀攪拌均勻。

05 分次加入咖啡溶液，每加入一次都要用電動攪拌機攪拌到咖啡被奶油完全吸收之後，再加入下一次，攪拌均勻到滑順狀態。

❖ 餡料：黑巧克力甘納許

（製作方法：P.87。）

❖ 組合：餡中餡

（組合步驟：P.106。）

A 將裝有咖啡乳酪的擠花袋剪一個 0.5cm 的小口，沿著馬卡龍殼的邊緣均勻擠上一圈，中間留出位置。

B 將裝有黑巧克力甘納許內餡的擠花袋剪一個 0.5cm 的小口，把餡料擠到咖啡乳酪中間留出的位置，注意不要擠得太多，以免溢出來。

04-1

04-2

05

Classic Macaron

04

提拉米蘇
馬卡龍

[經典馬卡龍]

這是一款基礎馬卡龍。這款馬卡龍的夾餡中，咖啡酒是必須要添加的，因為提拉米蘇的靈魂就是咖啡酒的味道。可可的含量越高，巧克力的口感就會偏苦和酸，可可的含量越低，口感就會偏甜一些。這款馬卡龍夾餡還使用了瑪士卡邦起士，能讓夾餡的口感更加細膩嫩滑。

04 經典馬卡龍

提拉米蘇馬卡龍

材料配方 INGREDIENTS

義式或法式雙色馬卡龍殼……50 個

調色色粉｜可可粉 ●

◇ **瑪士卡邦起士**

瑪士卡邦起士……100g	咖啡酒……1 小匙
	奶油……20g

◇ **巧克力甘納許**

01

02

製作步驟 STEP BY STEP

❖ 馬卡龍殼：調色

（馬卡龍殼製作方法：P.66 或 P.71。）

雙色馬卡龍殼需要把 TPT 平均分成兩份，其中一份用 4 ～ 6g 可可粉替換 TPT 中等量的杏仁粉，另一份原色即可。

可可粉

❖ 餡料：瑪士卡邦起士

01 瑪士卡邦起士攪打滑順。

02 再加入軟化好的奶油打至滑順。

03 加入咖啡酒調味，可以按自己的口味適當添加咖啡粉。

04 攪拌滑順即可。

❖ 餡料：巧克力甘納許

（製作方法：P.87。）

❖ 組合：餡中餡

（組合步驟：P.106。）

A 將裝有巧克力甘納許的擠花袋剪一個 0.5cm 的小口，沿著馬卡龍殼的邊緣均勻地擠上一圈，中間留出位置。

B 將裝有瑪士卡邦起士的擠花袋剪一個 0.5cm 的小口，把餡擠到中間位置。注意不要擠得太多，以免溢出來。

03

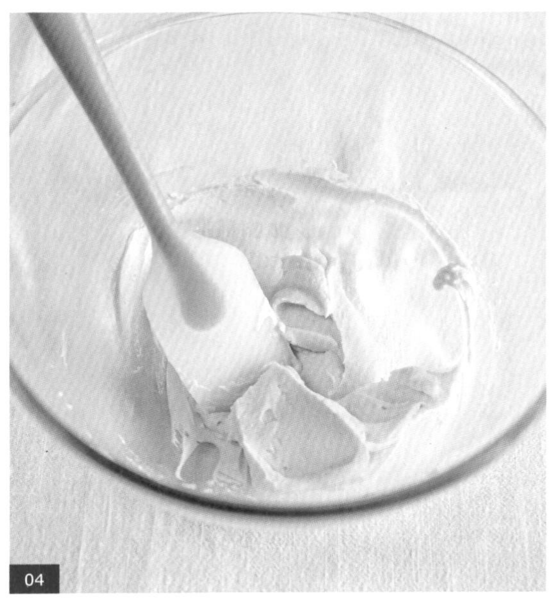
04

05

薰衣草巧克力馬卡龍

[經典馬卡龍]

很多人都知道薰衣草精油可以做香薰，薰衣草香味清新優雅，可以緩解壓力、鬆弛神經、幫助入眠。薰衣草獨有的味道融入到巧克力甘納許裡，就變成了獨一無二的薰衣草巧克力夾餡。製作夾餡時，需要把薰衣草跟淡奶油一起煮滾後關火燜一會，才能更好地把它的香味「逼」出來。

材料配方 INGREDIENTS

殼

義式或法式馬卡龍殼……50 個
乾薰衣草
調色色粉｜紫紅色 ●

餡

◇ 薰衣草巧克力甘納許

黑巧克力塊……100g
淡奶油……80g
乾薰衣草……6g
無鹽奶油……20g

製作步驟 Step by Step

❖ 馬卡龍殼：調色

（馬卡龍殼製作方法：P.40 或 P.50。）

在混合杏仁粉 TPT 的蛋白裡加入少許紫紅色色粉即成紫色的馬卡龍殼。擠完馬卡龍殼後，表面先撒少許乾薰衣草再風乾結皮。

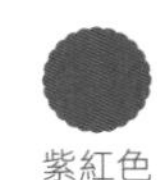
紫紅色

❖ 餡料：薰衣草巧克力甘納許

01 將淡奶油倒入小鍋中，加入乾薰衣草，用黑晶爐小火煮至淡奶油沸騰後離火，加蓋燜 5 分鐘左右，讓薰衣草的味道充分釋出。

02 使用網篩把薰衣草從淡奶油裡過濾出來，讓熱的淡奶油過濾到黑巧克力塊上。

03 使薰衣草淡奶油把巧克力塊完全覆蓋。

04 用刮刀輕輕劃小圈攪拌已經被淡奶油融化的巧克力，不要太用力。

05 完全攪拌均勻之後加入軟化好的奶油，再攪拌均勻，即成薰衣草巧克力甘納許。

06 薰衣草巧克力甘納許放入冰箱冷藏大約半小時，中間每隔 10 分鐘拿出來攪拌一下，呈半凝固狀即可。

❖ 組合：基礎夾餡

（組合步驟：P.102。）

將裝有薰衣草巧克力餡的擠花袋剪一個 1cm 的小口，把餡料擠到殼的中心位置，要擠得圓潤飽滿，這樣組合好的馬卡龍才更美觀。

01
02
03
04
05
06

Classic Macaron

06

香草杏醬馬卡龍

[經典馬卡龍]

做這款馬卡龍一定要挑選完全熟透的杏子，未成熟的杏子是不能吃的。杏子雖甜美，但不可多吃，否則會引起不適。製作杏醬時，杏子的皮不用去掉，這樣熬好的果醬會有顆粒感，並且口感酸甜適中。杏子的酸度能很好地中和奶油餡的甜膩感。加檸檬汁是為了讓餡料中的果膠更加充分地釋出，如果選購的是較酸的杏子，檸檬汁可以不加。

多餘的果醬裝到高溫消毒的玻璃瓶中冷藏保存，平時可以塗在麵包或者蛋糕上吃。配料中的細砂糖用量已經最大限度地減少了，可以在一定程度上延長果醬的保存期限，但最好在一周內食用完畢。

06 經典馬卡龍

香草杏醬馬卡龍

材料配方 INGREDIENTS

義式或法式馬卡龍殼 50 個

調色色粉｜玫紅色 ●

◇ **香草杏醬**

新鮮杏子 300g

細砂糖 90g

香草莢 1 支

◇ **香草杏乳酪霜**

香草杏醬 50g

奶油乳酪餡料 200g

（製作方法：P.89。）

製作步驟 STEP BY STEP

❖ 馬卡龍殼：調色

（馬卡龍殼製作方法：P.40 或 P.50。）

在混合杏仁粉 TPT 的蛋白裡加入適量的玫紅色色粉調成玫紅色或者不加色粉做成素色馬卡龍殼。

玫紅色

❖ 餡料：香草杏醬

01 新鮮杏子洗淨放乾，用小刀把杏子果核挑掉，把杏肉切成小塊。

02 如果想追求細膩口感，可以用調理機將果肉攪打成泥。不打碎的話，熬出的就是有顆粒感的杏醬。

03 香草莢從中間剖開，用小刀刮出籽，香草殼切成四段。

04 把杏肉、香草籽和香草殼一起放入小鍋內，加入細砂糖。

01
02
03-1
03-2
04-1
04-2

05 小鍋放到黑晶爐上，大火煮滾後，轉小火，中間要不停攪拌，避免黏鍋。

06 等到杏醬變得黏稠時，把香草殼取出扔掉，關火。杏醬靜置在室溫下放涼即可。

❖ 餡料：香草杏乳酪霜

07 奶油乳酪中加入熬好的香草杏醬，比例可根據個人口味進行調整。

08 把奶油乳酪和香草杏醬攪拌均勻。

❖ 組合：餡中餡

（組合步驟：P.106。）

A 將裝有香草杏乳酪霜的擠花袋剪一個 0.5cm 左右的小口，沿著馬卡龍殼的邊緣均勻地擠上一圈，中間留出位置。

B 將裝有香草杏醬的擠花袋剪一個 0.5cm 的小口，把餡料擠到中間位置，注意不要擠得太多，以免溢出。

05
06-1
06-2
07
08

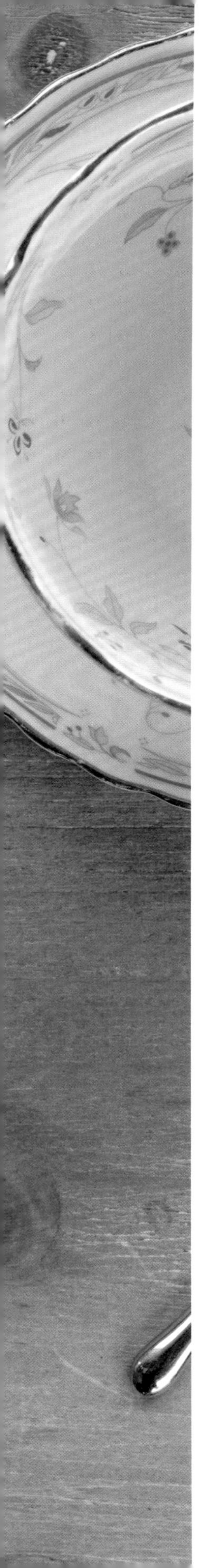

Classic Macaron

07

優酪乳
馬卡龍

[經典馬卡龍]

優酪乳含有益生菌，可以調節腸道，提高免疫力。做這款馬卡龍時，使用市售或者自己發酵的優酪乳都可以，但每個品牌的優酪乳濃稠度是不同的，建議使用比較濃稠的優酪乳。如果優酪乳太稀，則需要減少優酪乳的量或者增加奶油霜的量。否則會造成奶油夾餡太稀、不成型，影響馬卡龍的美觀。

07 經典馬卡龍

優酪乳馬卡龍

材料配方 INGREDIENTS

義式或法式馬卡龍殼 .... 50 個

調色｜湖藍色粉 、螢光金色素筆

◇ **優酪乳奶油霜**

濃稠原味優酪乳 50g

義式蛋白奶油霜
或義式蛋黃奶油霜 150g

（製作方法：P.81 或 P.78。）

製作步驟 STEP BY STEP

❖ 馬卡龍殼：調色

（馬卡龍殼製作方法：P.40 或 P.50。）

在混合杏仁粉 TPT 的蛋白裡加入少許湖藍色色粉。馬卡龍殼烘烤完畢後，使用螢光金色素筆在馬卡龍殼的表面點上水波點做裝飾。

湖藍色

螢光金色素筆

❖ 餡料：優酪乳奶油霜

01 分三次把優酪乳加入到義式蛋白奶油霜中。

02 每一次加入優酪乳都要用電動攪拌機攪拌均勻，之後再加入下一次。

03 優酪乳全部加完以後，使用電動攪拌機將奶油霜混合到滑順的狀態備用。

❖ 組合：基礎夾餡

（組合步驟：P.102。）

將裝有優酪乳奶油霜的擠花袋剪一個 1cm 的小口，把餡料擠到馬卡龍殼的中心位置，要擠得飽滿一些，不要擠得歪歪扭扭，這樣組合起來的馬卡龍才圓潤光滑。

01

02

03

II 鮮果馬卡龍
Fruit Macaron

超級變變變，馬卡龍的改良與創新

馬卡龍是個內附彩蛋的「寶寶」，當你能夠駕馭它的製作，就能發現它留給你更廣闊的探索空間——口味的研發。

馬卡龍的味道，是由內餡與杏仁餅結合產生的，這其中，杏仁餅對味道的變化影響不會很大，所以餡料就成了馬卡龍的精髓所在。傳統的法式馬卡龍，多是奶油、巧克力、覆盆子、芒果等單一口味，又因為過甜，吃多了難免生膩。就這樣，作為容易頭腦發熱且「一根筋」（指固執的意思）的射手座代表，我又走上了研發馬卡龍新口味的「不歸路」。

每當我給朋友們品嘗那些市面上難得一見的馬卡龍新品時，總能得到她們毫不吝嗇的讚譽，這讓我深感在研發馬卡龍夾餡的路上所經歷的一切挫折都是值得的。嶗山綠茶、鹹蛋黃、枸杞山藥、黑芝麻這些和馬卡龍八竿子打不著邊的食材，我硬是將它們融到了馬卡龍裡，而且還得到了粉絲的認可。

馬卡龍口味的改良與創新，時刻激發著我攻克難關的小宇宙，平時不管是吃正餐還是宵夜，喝茶還是吃點心，我都會不自覺地想到，這個用來做馬卡龍的內餡怎麼樣，會不會好吃？

我特別愛喝嶗山綠茶，中國青島的嶗山綠茶，臨海而生，喝著山泉水長大，沐浴著燦爛的陽光和新鮮的空氣，喝起來清新又回甘，還有股特別的豆香味。每年清明前後，春茶一下來，我都會迫不及待地泡上一壺開喝。

有一天，我正捧著杯綠茶啜飲，突然靈機一動，心想能不能做一款嶗山綠茶口味的馬卡龍呢？傳統的馬卡龍都是比較香甜的，如果能研發出綠茶這樣靈動又回甘的清新口味，就算一口氣多吃幾個也不會膩，更不會胖！於是，我開始上手演練。但是綠茶要怎麼融入馬卡龍才能最大限度地體現它的清香呢？這個問題難倒了我。青島人用嶗山綠茶做菜，大多是只取茶汁，讓茶香來點睛。但是將茶汁直接用到馬卡龍上，我覺得不太行，因為嶗山綠茶的香氣是很淡雅的，只用茶汁與淡奶油或乳酪配合的話，它的清香很可能就被奶油濃郁的味道掩蓋了，似有似無的那種茶香可不是我想要的。但不管怎麼說，還是需要用實踐來驗證的。烘烤杏仁餅，將茶汁融入餡料中，結果果然和我想的一樣，茶香太淡，奶香太重！怎麼辦？推翻重來吧。繼續冥思苦想，突然想到英國人都是直接煮茶來喝的，如果我用淡奶油和綠茶一起煮餡的話，茶葉的味道肯定就能更融入其中，茶香味會更濃。但是，這又出來一個問題，茶葉留在餡料中，這有違常理的，通常我們只喝茶，不吃茶葉，這樣做能行嗎？但我決定不想那麼多，先試了再說。於是，淡奶油與綠茶同時熬煮的餡料出爐了，出乎我的意料之外，這樣的餡料不僅茶香味濃，而且綠茶的加入反而讓餡料的口感多了細微的顆粒感，層次更加豐富，絲毫沒有不搭的感覺。我心裡便有譜了，嶗山綠

茶口味的馬卡龍，絕對可行！接下來，就是調整綠茶與淡奶油的比例、甜度等這類細節了，在確定了大基調之後，我又不斷嘗試了十幾次，終於做出了讓自己滿意的嶗山綠茶版馬卡龍。說起來，這真是特別令我驕傲的一款馬卡龍，相比其他口味，它清新又不失香甜，有著淡淡的奶香卻把馥郁的茶香映襯得更加澈底，這樣的馬卡龍，就連那些不喜歡吃甜點的人，都會忍不住多吃幾顆。

從生活中汲取靈感的例子還有很多：我特別喜歡吃蛋黃酥，就研發出了鹹蛋黃餡的馬卡龍；每個月「大姨媽」到訪時我總會喝薑汁紅糖，把它融入馬卡龍的餡料也特別美味；還有滋補的枸杞山藥、甜蜜的黑芝麻……當你打開了想像力，各種美好的小靈感就不停地向外湧現。我會用法國的野生薰衣草蜂蜜來給香噴噴的鹹蛋黃添花香減油膩；還會用清甜的桂花與酸爽的覆盆子來組合充滿少女氣息的小清新；用肉桂給白巧克力提味；用自己熬煮的黑芝麻醬與桑葚搭配出濃厚又不失清爽的複合香甜……越來越多的食材都被我融入到馬卡龍的餡料中。我興致勃勃地挑戰各種不可能，這一顆顆宛若珠寶的小傢伙，在我的手中再也不僅僅是華麗的法式甜點了，它還有了更多中國氣韻，更接地氣（指更親民）也更受大家歡迎。

也許正是因為馬卡龍充滿各種可能性的特質，才讓它有了別的甜點難以企及的吸引力，像我一樣被它深深吸引的人不在少數。從我能製作出一顆真正的馬卡龍到現在，不知不覺已經過了好些年，但是，我至今還被它深深吸引，它也依舊是我烘焙事業的中心軸，它總是能讓我萌生更多的想法去突破自己，這個過程並不輕鬆，但是，能做出更好的甜點，做更好的自己，我一直這樣樂在其中，欲罷不能。

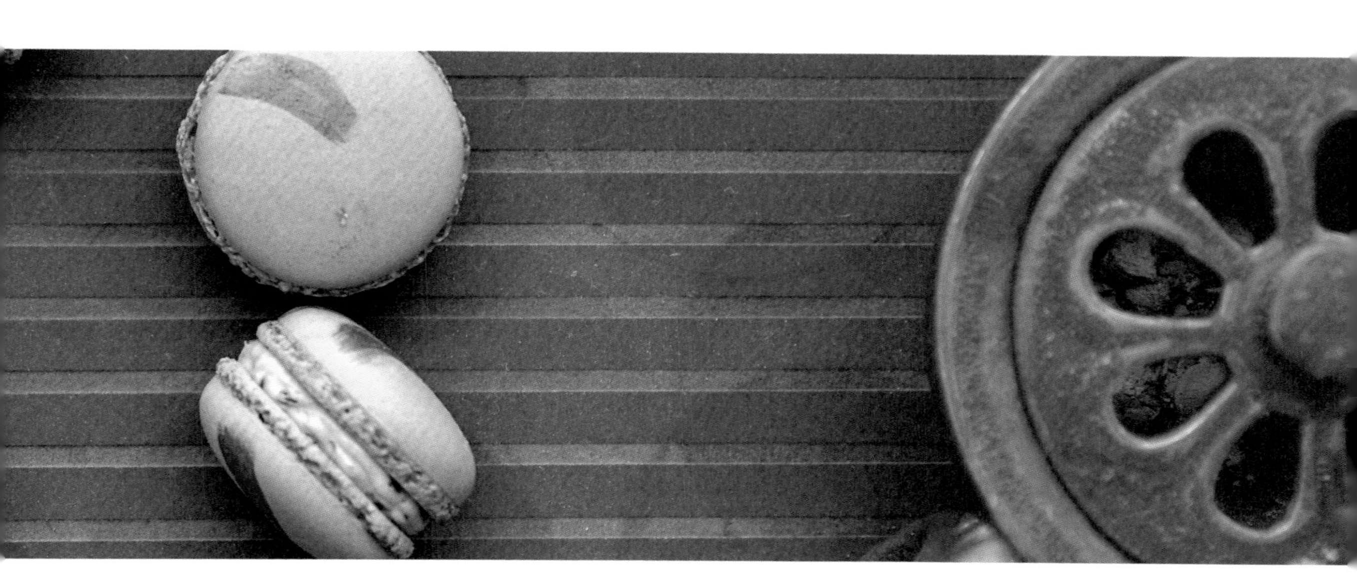

Fruit Macaron

01

嶗山櫻桃
馬卡龍

[鮮果馬卡龍]

大櫻桃又名櫻珠、車厘子。櫻桃的品種有很多，比較常見的有紅燈、美早、黑珍珠等。在中國青島還有一種小櫻桃，皮非常薄，每年只在 5 月出產，產量不多，但是味道非常好。我製作的這款馬卡龍用的是大櫻桃果醬，所以需要特別說明一下！

喜歡細膩口感的話，可以使用調理機把大櫻桃打碎。不打碎的話，熬出來的果醬比較有顆粒感。大櫻桃要挑選新鮮的，清洗乾淨，待乾後使用。

01 鮮果馬卡龍

嶗山櫻桃馬卡龍

材料配方 INGREDIENTS

義式或法式雙色馬卡龍殼 ……… 50 個

調色色粉｜聖誕紅 ●、竹炭粉 ●

◇ **櫻桃果醬**

嶗山大櫻桃	100g
新鮮檸檬汁	1 大匙
細砂糖	40g

◇ **櫻桃奶油霜**

櫻桃果醬	50g
義式蛋白奶油霜 或義式蛋黃奶油霜	200g

（製作方法：P.81 或 P.78。）

製作步驟 STEP BY STEP

❖ 馬卡龍殼：調色 （馬卡龍殼製作方法：P.40 或 P.50。）

將製作馬卡龍殼的材料平均分成兩份，並在混合杏仁粉 TPT 的蛋白裡分別加入少許聖誕紅色粉和聖誕紅添加竹炭粉的混合色。

聖誕紅　混合色

❖ 餡料：櫻桃果醬

01 將大櫻桃清洗乾淨，瀝乾水，用小刀去掉蒂頭、果核。

02 果肉放入調理機中，打碎。如果不想打得很碎，果醬會比較有顆粒感。

01

02

03 把打碎的櫻桃肉放入小鍋中，加入細砂糖、檸檬汁。

04 大火煮滾，不停攪拌，小火煮至果醬變黏稠並釋出果膠，大火再煮 1 分鐘收一下湯汁，靜置在室溫下放涼。

❖ 餡料：櫻桃奶油霜

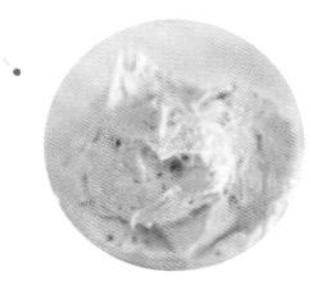

05 奶油霜中加入部分熬好的櫻桃果醬，比例可以根據個人口味進行調整。

06 把奶油霜和櫻桃果醬攪打均勻即可。

❖ 組合：餡中餡

（組合步驟：P.106。）

A 將裝有櫻桃奶油霜的擠花袋剪一個 0.5cm 的小口，沿著馬卡龍殼的邊緣均勻地擠上一圈，中間留出位置。

B 將裝有櫻桃果醬的擠花袋剪一個 0.5cm 的小口，把果醬擠到中間空出的位置，注意不要擠得太多，以免溢出來。

03-1
03-2
04-1
04-2
05
06

芒果香甜美味，含有大量的維生素 A 和維生素 C，有消炎抗菌、美化肌膚的作用。選購芒果時，要選擇新鮮、無撞傷、無腐爛的，清洗乾淨後使用。熟透的芒果往往過甜而酸度不足，對於甜度比較高的水果，加入檸檬汁可以平衡果醬的風味。

如果沒有新鮮的芒果也可以使用冷凍的果泥，將它做成水果果凍（具體做法可以參考書中 P.96 覆盆子果凍的製作方法），其使用方法跟果醬是一樣的，但必須冷凍保存，使用時要迅速使用，以免溫度升高使果泥融化。

Fruit Macaron

02

芒果馬卡龍

[鮮果馬卡龍]

材料配方 INGREDIENTS

殼

義式或法式雙色馬卡龍殼 …… 50 個

調色色粉｜春天黃、橙紅色

餡

◇ 芒果果醬

芒果果肉 …… 150g

細砂糖 …… 50g

新鮮檸檬汁 …… 1 大匙

◇ 芒果奶油霜

芒果果醬 …… 50g

義式蛋白奶油霜或義式蛋黃奶油霜 …… 200g

（製作方法：P.81 或 P.78。）

製作步驟 STEP BY STEP

❖ 馬卡龍殼：調色

（馬卡龍殼製作方法：P.40 或 P.50。）

將製作馬卡龍殼的材料平均分成兩份，在混合杏仁粉 TPT 的蛋白裡分別加入適量的春天黃色粉和橙紅色色粉。

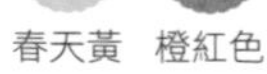

❖ 餡料：芒果果醬

01 芒果去皮，切成小塊。如果喜歡更加細膩的口感，可以使用調理機將果肉打碎。

02 芒果倒入不沾鍋中，加入細砂糖、檸檬汁，使用黑晶爐大火煮滾，不斷攪動，以免黏鍋底。

03 看到芒果醬開始變稠，就轉小火，煮到黏稠，靜置在室溫下放涼。

❖ 餡料：芒果奶油霜

04 奶油霜中加入部分熬好的芒果果醬。比例可以根據個人口味進行調整。

05 把奶油霜和芒果果醬混合均勻即可。

❖ 組合：餡中餡

（組合步驟：P.106。）

A　將裝有芒果奶油霜的擠花袋剪一個 0.5cm 的小口，沿著馬卡龍殼的邊緣均勻地擠上一圈，中間留出位置。

B　將裝有芒果果醬的擠花袋剪一個 0.5cm 的小口，把果醬擠到中間空出的位置，注意不要擠得太多，以免溢出來。

01
02-1
02-2
03
04
05

Fruit Macaron

03

楊梅馬卡龍

［ 鮮果馬卡龍 ］

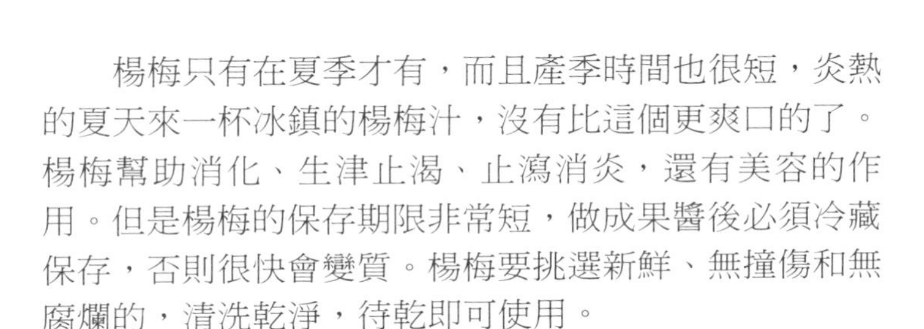

楊梅只有在夏季才有，而且產季時間也很短，炎熱的夏天來一杯冰鎮的楊梅汁，沒有比這個更爽口的了。楊梅幫助消化、生津止渴、止瀉消炎，還有美容的作用。但是楊梅的保存期限非常短，做成果醬後必須冷藏保存，否則很快會變質。楊梅要挑選新鮮、無撞傷和無腐爛的，清洗乾淨，待乾即可使用。

材料配方 INGREDIENTS

義式或法式雙色馬卡龍殼 .... 50 個

調色色粉｜薄荷綠 ●、湖藍色 ●、玫紅色 ●

◇ **楊梅果醬**

新鮮楊梅果肉 150g

細砂糖 50g

新鮮檸檬汁 .... 1 大匙

◇ **楊梅奶油霜**

楊梅果醬 50g

義式蛋白奶油霜或義式蛋黃奶油霜 200g

（製作方法：P.81 或 P.78。）

製作步驟 Step by Step

❖ 馬卡龍殼：調色

（馬卡龍殼製作方法：P.40 或 P.50。）

將製作馬卡龍殼的材料平均分成兩份，分別在混合杏仁粉TPT的蛋白裡，分別加入適量薄荷綠色色粉及湖藍色和玫紅色色粉各一小匙調成的紫紅色。

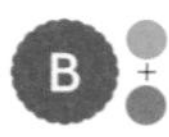

❖ 餡料：楊梅果醬

01 楊梅用小刀去核取肉。這一步比較麻煩，需要耐心處理。

02 楊梅果肉倒入小鍋裡，加入糖、檸檬汁，用黑晶爐先大火煮滾，用湯匙不斷攪動，以防黏鍋底。

03 看到楊梅醬開始變稠，就轉小火，煮到黏稠就可以了。

04 將楊梅果醬靜置在室溫放涼。

❖ 餡料：楊梅奶油霜

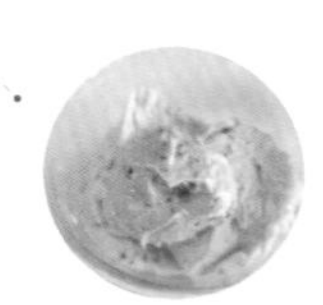

05 取部分調好的楊梅果醬加到奶油霜中，比例可以根據個人的口味進行調整。

06 把果醬和奶油霜攪拌至滑順即成。

❖ 組合：餡中餡

（組合步驟：P.106。）

A 裝有楊梅奶油霜的擠花袋剪一個 0.5cm 的小口，沿著馬卡龍殼的邊緣均勻地擠上一圈，中間留出位置。

B 裝有楊梅果醬的擠花袋剪一個 0.5cm 的小口，把果醬擠到中間位置，注意不要擠得太多，以免溢出來。

01
02-1
02-2
03/04
05
06

Fruit Macaron

藍莓馬卡龍

[鮮果馬卡龍]

藍莓可以提高免疫力、保護視力，還有益心臟，其味道酸甜可口，用來做馬卡龍的夾餡，味道非常棒。藍莓要挑選新鮮、無撞傷和無腐爛的，清洗乾淨，待乾後即可使用。

材料配方 INGREDIENTS

義式或法式雙色馬卡龍殼 …… 50 個

調色色粉｜竹炭粉 ●、玫紅色 ●、天藍色 ●

◇ **藍莓果醬**

新鮮藍莓 …… 150g

細砂糖 …… 28g

新鮮檸檬汁 …… 1 大匙

◇ **藍莓奶油霜**

藍莓果醬 …… 50g

義式蛋白奶油霜或義式蛋黃奶油霜 …… 200g

（製作方法：P.81 或 P.78。）

製作步驟 Step by Step

❖ 馬卡龍殼：調色

（馬卡龍殼製作方法：P.40 或 P.50。）

製作兩份杏仁糊，在其中一份混合杏仁粉 TPT 的蛋白裡加入一小匙竹炭粉，另外一份加入玫紅色、天藍色色粉各一小匙調成淡紫色。

❖ 餡料：藍莓果醬

01 將清洗乾淨、瀝乾水的藍莓放入小鍋中，加入細砂糖和檸檬汁。

02 黑晶爐大火煮滾，用湯匙不斷攪動，以防黏鍋底。等到藍莓醬開始變稠，轉小火，煮到黏稠，靜置在室溫下放涼。

❖ 餡料：藍莓奶油霜

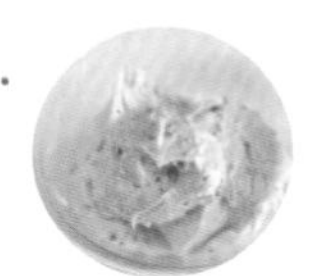

03 奶油霜中加入部分熬煮好的藍莓果醬，比例可根據個人口味進行調整。

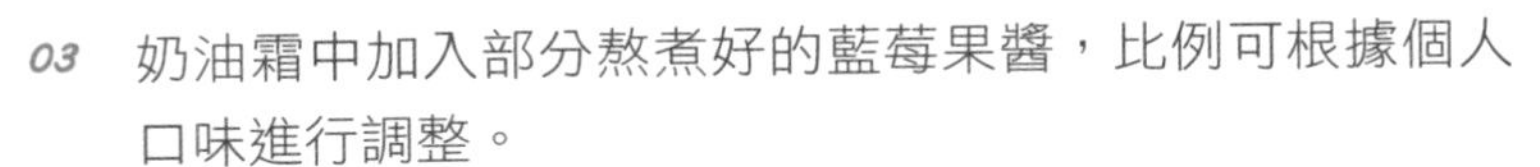

04 把奶油霜和藍莓果醬攪打均勻，打到滑順即可。

❖ 組合：餡中餡

（組合步驟：P.106。）

A 裝有藍莓奶油霜的擠花袋剪一個 0.5cm 的小口，沿著馬卡龍殼的邊緣均勻擠上一圈，中間留出位置。

B 裝有藍莓果醬的擠花袋剪一個 0.5cm 的小口，把藍莓果醬擠到中間位置。注意不要擠得太多，以免溢出來。

01-1
01-2
02-1
02-2
03
04

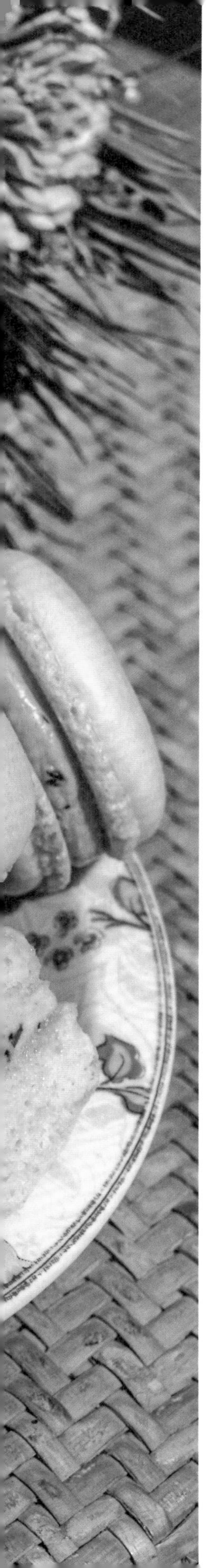

Fruit Macaron

05

桑葚馬卡龍

[鮮果馬卡龍]

早在兩千多年前，桑葚就是中國皇帝御用的補品。因為生長環境的特殊性，桑葚一般是無污染的。桑葚的營養價值很高，還可以美容。製作這款桑葚馬卡龍，既可滿足你挑剔的味蕾，又營養健康，一舉兩得。如果你喜歡細膩口感，可以使用調理機把桑葚打碎。不打碎的話，熬出來的果醬會有顆粒感，又是另一番的味覺體驗。

05 鮮果馬卡龍

桑葚馬卡龍

材料配方 INGREDIENTS

義式或法式馬卡龍殼……50 個

調色色粉｜春天黃

◇ **桑葚果醬**

新鮮桑葚……90g

細砂糖……25g

新鮮檸檬汁……1 大匙

◇ **桑葚奶油霜**

桑葚果醬……50g

義式蛋白奶油霜

或義式蛋黃奶油霜……200g

（製作方法：P.81 或 P.78。）

製作步驟 Step by Step

❖ 馬卡龍殼：調色

（馬卡龍殼製作方法：P.40 或 P.50。）

在混合杏仁粉 TPT 的蛋白裡加入少許春天黃色粉。

春天黃

❖ 餡料：桑葚果醬

01 將桑葚去蒂頭，清洗乾淨，瀝乾水。

02 桑葚放入不沾鍋中，加入細砂糖、檸檬汁，先以大火煮滾，轉小火熬至黏稠，最後開大火收一下湯汁，在室溫中放涼。

❖ 餡料：桑葚奶油霜

03 奶油霜中加入部分熬好的桑葚果醬，用量可根據個人口味進行調整。

04 把奶油霜和桑葚果醬攪打均勻即可。

❖ 組合：餡中餡

（組合步驟：P.106。）

A 將裝有桑葚奶油霜的擠花袋剪一個 0.5cm 的小口，沿著馬卡龍殼的邊緣均勻地擠上一圈奶油霜，中間留出位置。

B 將裝有桑葚果醬的擠花袋剪一個 0.5cm 的小口，把果醬擠到中間位置，注意不要擠得太多，以免溢出來。

01/02

03

04

Fruit Macaron

06

山楂馬卡龍

[鮮果馬卡龍]

山楂健胃消食，還有增強免疫力、美容、抗癌、防衰老之效。雖然山楂很酸，但還是有很多人喜歡它。每年秋天，是山楂收穫的季節，我總是會做幾罐山楂醬存起來，不論是塗麵包吃，還是做甜點的餡料都非常棒。馬卡龍本來就是比較甜的，內餡加入山楂醬之後，酸跟甜互相中和，味道非常誘人。果醬可以熬得濃稠一點，放涼後直接裝入擠花袋就可以做馬卡龍夾餡。因為這款果醬含水量比較大，所以保存時間比較短，建議 3 天內食用完。

06 鮮果馬卡龍

山楂馬卡龍

材料配方 INGREDIENTS

義式或法式馬卡龍殼……50 個

調色色粉｜湖藍色、玫紅色、紅色螢光粉

◇ 山楂果醬

山楂……250g

細砂糖……90g

新鮮檸檬……½ 個

礦泉水……200g

◇ 山楂奶油霜

山楂醬……50g

義式蛋白奶油霜
或義式蛋黃奶油霜……200g

（製作方法：P.81 或 P.78。）

製作步驟 STEP BY STEP

❖ 馬卡龍殼：調色

（馬卡龍殼製作方法：P.40 或 P.50。）

在混合杏仁粉 TPT 的蛋白裡加入湖藍色和少許玫紅色色粉，調成藍紫色，馬卡龍殼烘烤完畢後，用紅色螢光粉在馬卡龍殼的表面做裝飾。

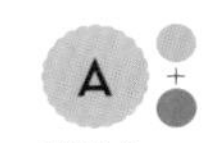

藍紫色

紅色
螢光粉

❖ 餡料：山楂醬

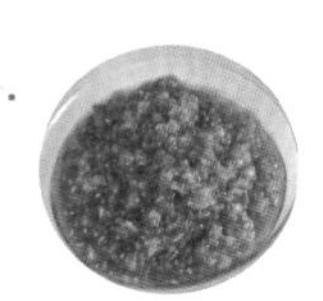

01 山楂洗乾淨瀝乾水，切成兩半，去掉果核和蒂頭。

02 使用調理機把山楂打碎，不需要打得太細膩，這樣熬好的山楂果醬會有顆粒感，口感會比較好。

03 小鍋內加入打碎的山楂，再加入礦泉水、細砂糖和檸檬汁，大火煮滾，冒大氣泡後，轉到小火慢慢翻炒。

04 翻炒到冒出小氣泡、山楂果醬開始變黏稠即可，放置在室溫中變涼。

❖ 餡料：山楂奶油霜

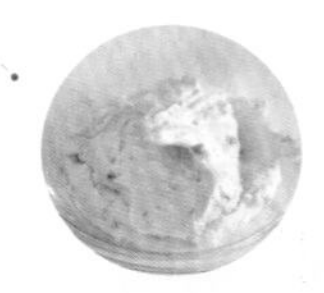

05 奶油霜中加入部分熬好的山楂果醬，用量可根據個人口味進行調整。

06 把奶油霜和山楂果醬混合均勻即可。

❖ 組合：餡中餡

（組合步驟：P.106。）

A 將裝有山楂奶油霜的擠花袋剪一個 0.5cm 的小口，沿著馬卡龍殼的邊緣均勻擠上一圈山楂奶油霜，中間留出位置。

B 將裝有山楂果醬的擠花袋剪一個 0.5cm 的小口，把山楂醬擠到中間位置，注意不要擠得太多，以免溢出來。

03-1
03-2
03-3
04
05
06

Fruit Macaron

07

酪梨馬卡龍

[鮮果馬卡龍]

這款馬卡龍絕對是「酪梨控」的真愛，酪梨營養價值高，富含脂肪及多種維生素，被稱為「森林奶油」，它不但可以抗衰老、降血糖、保護肝臟，更是小寶寶輔食的不二之選。很多人剛開始並不喜歡它的味道，可是幾番嘗試之後，就欲罷不能了。酪梨的吃法非常多，可以烤、可以涼拌、可以打果汁等等。這款酪梨馬卡龍，口味獨特，一定不會讓喜愛酪梨的朋友們失望的，快來嘗試一下吧！

07 鮮果馬卡龍

酪梨馬卡龍

材料配方 INGREDIENTS

義式或法式雙色
馬卡龍殼……50 個
調色色粉｜開心果綠 ●、
聖誕紅 ●

餡

◇ **酪梨乳酪**
熟透酪梨……½ 個
奶油乳酪……200g
（製作方法：P.89。）

製作步驟 STEP BY STEP

❖ 馬卡龍殼：調色

（馬卡龍殼製作方法：P.40 或 P.50。）

製作兩份杏仁糊，在兩份混合杏仁粉 TPT 的蛋白裡分別加入少許開心果綠色色粉和聖誕紅色粉。

開心果綠

聖誕紅

❖ 餡料：酪梨乳酪

01 熟透的酪梨切開，用小匙把果肉挖出，切成小塊。

02 用湯匙把果肉從網篩中按壓成果泥。

03 將酪梨泥倒入奶油乳酪餡料中，用電動攪拌機低速攪拌均勻即可。

❖ 組合：基礎夾餡

（組合步驟：P.102。）

將裝有酪梨乳酪的擠花袋剪一個 1cm 的小口，把餡料擠到殼的中心位置，要擠得飽滿一些，這樣組合好之後的馬卡龍外觀才會圓潤光滑。

01
02-1
02-2
03-1
03-2
03-3

Fruit Macaron

08

百香果香橙 馬卡龍

[鮮果馬卡龍]

百香果是水果之王，它含有豐富的微量元素，能提高人體免疫力。百香果單獨吃非常酸，一般人接受不了，但是與柳橙混搭在一起就立刻成為最佳搭檔。百香果的酸中和了柳橙的甜，柳橙的甜抑制了百香果的酸，兩者相得益彰。如果不喜歡百香果的籽可以將它去掉，不過百香果的果肉、籽還有皮都是可以食用的，加入了籽會讓馬卡龍餡料的口感更加豐富。

08 鮮果馬卡龍

百香果香橙馬卡龍

材料配方 INGREDIENTS

殼

義式或法式紫色馬卡龍殼……50 個

調色色粉｜天藍色 ＋ 聖誕紅 ＝3：1

餡

◇ 百香果香橙巧克力

百香果……½ 個

柳橙……1 個

新鮮柳橙汁……10g

鈕扣白巧克力……110g

吉利丁片……2g

製作步驟 Step by Step

❖ 馬卡龍殼：調色

（馬卡龍殼製作方法：P.40 或 P.50。）

在混合杏仁粉 TPT 的蛋白裡按 3：1 的比例加入天藍色色粉和聖誕紅色粉調成紫色。

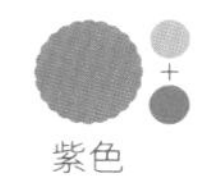

❖ 餡料：百香果香橙巧克力

01 鈕扣白巧克力倒入容器中，隔熱水融化成巧克力液。

02 用刨刀刨出柳橙皮屑，注意不要刨到柳橙皮裡面白色部分。

03 柳橙切成兩半，使用手工榨汁機榨出柳橙汁。

01

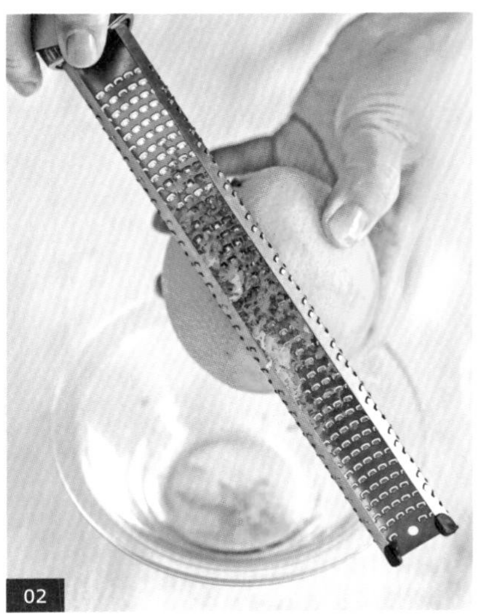
02

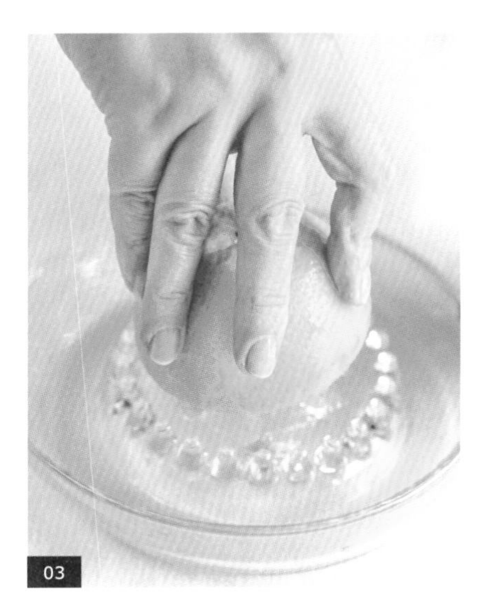
03

04 百香果切開，取出百香果果肉及籽，加入柳橙汁、柳橙皮屑，再混合在一起。

05 吉利丁片放在小碗中，用礦泉水浸泡，放入冰箱冷藏至吉利丁片變軟。倒出礦泉水，把吉利丁片隔熱水融化成液體。

06 把百香果、柳橙混合物一起倒入融化好的白巧克力液體中。

07 用小湯匙混合均勻。

08 把吉利丁液體倒入已經混合均勻的百香果巧克力混合液中，攪拌均勻。

09 放入冰箱冷藏，每10分鐘取出攪拌一次，40～60分鐘後，呈半凝固狀，就可裝入擠花袋中使用了。

吉利丁並不是必須要使用的食材，加入它可以縮短巧克力凝固的時間。時間充足的話，做好的夾餡最好放入冰箱冷藏24小時以上，口感更佳。

❖ 組合：基礎夾餡

（組合步驟：P.102。）

將裝有百香果香橙巧克力餡的擠花袋剪一個1cm的小口，將餡料擠到殼的中心，要擠得飽滿一些，這樣組合好之後的馬卡龍外觀才圓潤光滑。

04
05
06
07
08
09

Fruit Macaron

09

榴槤馬卡龍

[鮮果馬卡龍]

很多人不喜歡榴槤，可是喜愛榴槤的人，卻被它獨有的味道深深吸引。榴槤營養豐富，素有「水果皇后」之稱，特別適合體寒的人食用。榴槤雖好吃也要適量，吃多容易上火，可以搭配涼性的山竹一起吃。

材料配方 INGREDIENTS

義式或法式紅色馬卡龍殼……50 個

調色色粉｜聖誕紅 ●

◇ **榴槤奶油霜**

榴槤肉……20g

煉乳……30g

義式蛋白奶油霜或義式蛋黃奶油霜……200g

（製作方法：P.81 或 P.78。）

◇ **榴槤**

製作步驟 STEP BY STEP

❖ 馬卡龍殼：調色

（馬卡龍殼製作方法：P.40 或 P.50。）

在混合杏仁粉 TPT 的蛋白裡加入少許聖誕紅色粉調成紅色杏仁糊。

聖誕紅

❖ 餡料：榴槤奶油霜

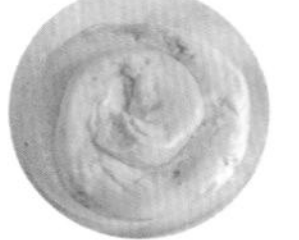

01 挑選成熟微微裂口的榴槤，取出榴槤肉。

02 榴槤肉用湯匙按壓成泥。

03 榴槤泥與 30g 煉乳混合均勻。

04 奶油霜中加入混合好的榴槤果泥，用量可以根據個人口味進行調整。

05 使用刮刀或者電動攪拌機將奶油霜與榴槤果泥混合均勻，打到滑順、蓬鬆即可用於夾餡。

❖ 組合：餡中餡

（組合步驟：P.106。）

A 將裝有榴槤奶油霜的擠花袋剪一個 0.5cm 的小口，沿著馬卡龍殼的邊緣均勻擠上一圈，中間留出位置。

B 將裝有榴槤肉的擠花袋剪一個 0.5cm 的小口，把榴槤餡擠到中間，注意不要擠得太多，以免溢出來。

01
02
03-1
03-2
04
05

III 養生馬卡龍
Health Macaron

you want to

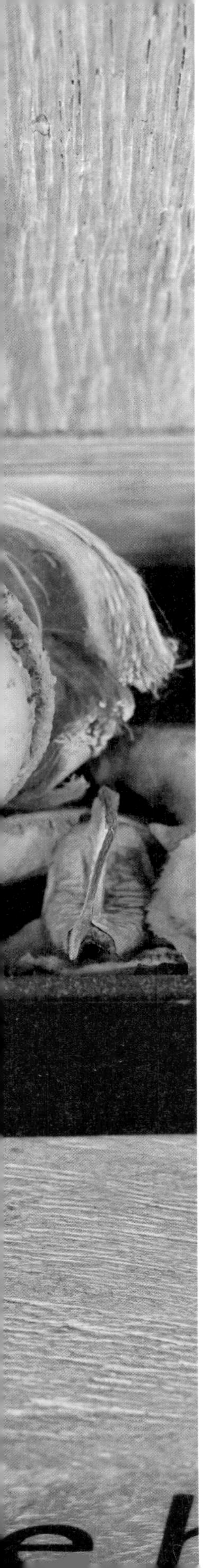

Health Macaron

01

嶗山綠茶馬卡龍

[養生馬卡龍]

一方水土養一方人，我的家在中國青島，我們青島有美麗的嶗山，嶗山的水清洌甘甜，嶗山水滋養出的嶗山綠茶味道自然不一樣。這款馬卡龍夾餡使用了嶗山綠茶，經過奶油烹煮之後，綠茶的清甜味道完全釋放了出來！綠茶、奶油、白巧克力三種口味結合得天衣無縫。一口咬下去，齒頰留香，無比愜意。

01 養生馬卡龍

嶗山綠茶馬卡龍

材料配方 INGREDIENTS

義式或法式馬卡龍殼……50 個

調色色粉｜開心果綠

◇ 綠茶白巧克力甘納許

鈕扣白巧克力……200g

嶗山綠茶……15g

淡奶油……180g

無鹽奶油……20g

吉利丁片……4g

製作步驟 STEP BY STEP

❖ 馬卡龍殼：調色

（馬卡龍殼製作方法：P.40 或 P.50。）

開心果綠

用 2g 擀碎的嶗山綠茶粉更換杏仁粉 TPT 中相對應份量的杏仁粉，再在混合杏仁粉 TPT 的蛋白裡加入少許開心果綠色色粉，調成綠色。

❖ 餡料：綠茶白巧克力甘納許

01 先將嶗山綠茶裝入比較厚的擠花袋中，用擀麵棍把茶葉擀碎。

02 將擀碎的嶗山綠茶放入淡奶油中，用黑晶爐小火煮滾後關火，蓋上鍋蓋燜 5 分鐘。

03 用網篩把淡奶油中的綠茶過濾出，用小湯匙輕壓綠茶，使茶香味更好地濾出。如果室溫比較低，淡奶油降溫過快，可以把過濾好的綠茶淡奶油重新倒回小鍋中加熱。

01

02

03-1

04 綠茶淡奶油倒入鈕扣白巧克力中，待鈕扣白巧克力融化後，劃小圈攪拌均勻。

05 加入在室溫中軟化好的奶油，攪拌均勻。

06 吉利丁片提前放入礦泉水中，放入冰箱冷藏泡軟，將水瀝乾，隔熱水融化成液體，再倒入到綠茶巧克力甘納許中，攪拌均勻。

07 攪拌好的甘納許後，放到冰箱冷藏，每隔 10 分鐘拿出攪拌一次，大約 30 分鐘呈半凝固狀，就可以用來夾餡了。（如果不使用吉利丁片，需要冷藏 24 小時以上才可以使用。）

❖ 組合：基礎夾餡

（組合步驟：P.102。）

將裝有綠茶巧克力甘納許的擠花袋剪一個 1cm 的小口，擠到殼的中心位置，要擠得圓潤一些，這樣組合好的馬卡龍才飽滿光滑。

03-2
04-1
04-2
05
06
07

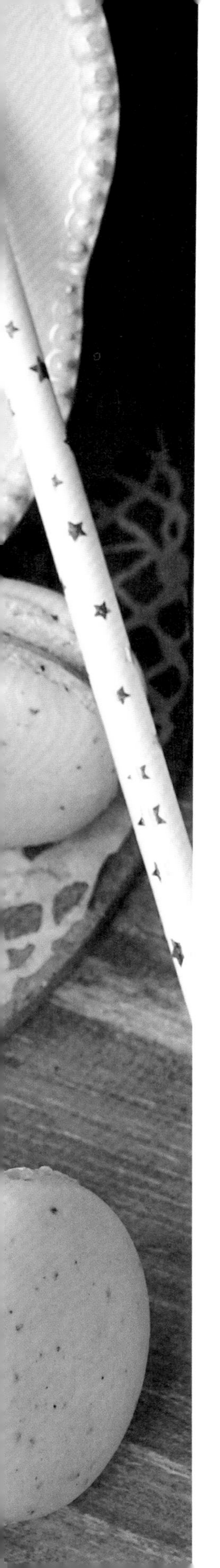

黑芝麻馬卡龍

[養生馬卡龍]

我經常會去早市上買用石磨磨製的黑芝麻醬，現磨的芝麻香味更濃郁。磨好的黑芝麻醬上面浮著一層香油，在用的時候，要用湯匙從瓶子底部使勁攪拌，讓油醬混合。這款馬卡龍的口味一直是我比較鍾愛的。回軟好的馬卡龍，一口咬下去，杏仁香混合著芝麻香，兩者完美地融合在一起，回味無窮！因為使用了奶油霜，這款馬卡龍回軟的時間會略長一些，但不要著急，慢慢等著它的「熟成」，總有驚喜回饋給你。

材料配方 INGREDIENTS

殼

義式或法式素色馬卡龍殼 .... 50 個

調色色粉｜黑芝麻粉 ●

餡

◇ **香甜黑芝麻醬**

無糖黑芝麻醬 60g

細砂糖 30g

◇ **黑芝麻奶油霜**

無糖黑芝麻醬 30g

義式蛋黃奶油霜 150g

（製作方法：P.78。）

製作步驟 STEP BY STEP

❖ 馬卡龍殼：調色

（馬卡龍殼製作方法：P.40 或 P.50。）

杏仁糊配方中用 7g 黑芝麻粉更換杏仁粉 TPT 中相對應份量的杏仁粉，黑芝麻提前用調理機研磨成粉，注意不要研磨太久，容易出油。

黑芝麻粉

❖ 餡料：香甜黑芝麻醬

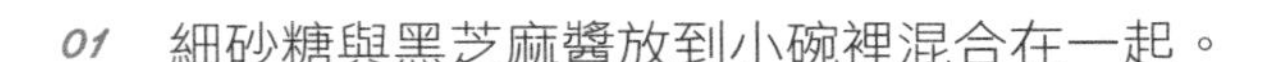

01 細砂糖與黑芝麻醬放到小碗裡混合在一起。

02 用小湯匙攪拌均勻。

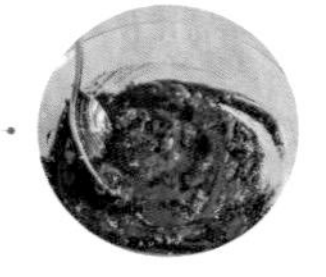

❖ 餡料：黑芝麻奶油霜

03 蛋黃奶油霜中加入黑芝麻醬，量的多寡可以根據個人的口味進行調整。

04 用電動攪拌機攪拌均勻。

05 打至滑順狀態，做成黑芝麻奶油霜。

❖ 組合：餡中餡

（組合步驟：P.106。）

A 裝有黑芝麻奶油霜的擠花袋剪一個 0.5cm 的口，沿著馬卡龍殼的邊緣均勻擠上一圈，中間留出位置。

B 裝有黑芝麻醬的擠花袋剪一個 0.5cm 的小口，把黑芝麻醬擠到中間位置，注意不要擠得太多，以免溢出來。

01
02
03
04
05

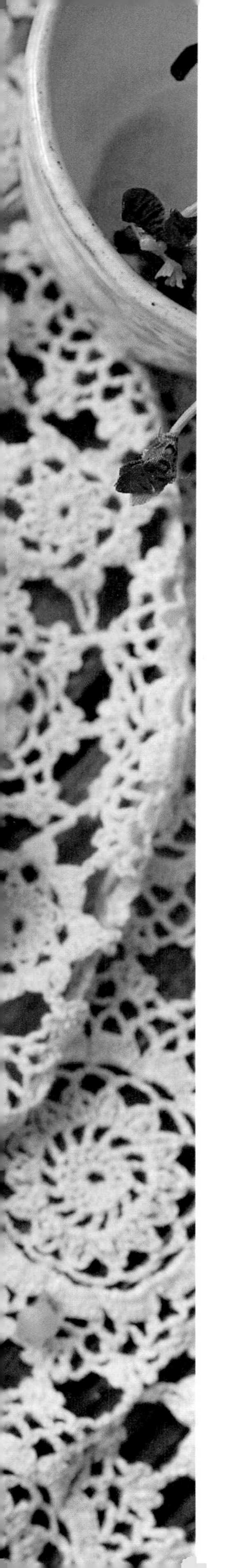

Health Macaron

03

養生紅棗馬卡龍

［ 養生馬卡龍 ］

紅棗使用壓力鍋蒸煮後，可以輕易地去掉外皮，從而得到細膩的棗泥。棗泥味道甜美，不論是在中式甜點還是西式甜點中都應用廣泛。紅棗在中國已經有八千多年的種植歷史，它含有豐富的維生素 C、鐵和各種微量元素，能抗氧化、降血壓、補鐵補血，特別適合小孩子和女性食用。

養生紅棗馬卡龍

材料配方 INGREDIENTS

義式或法式橘色馬卡龍殼 .... 50 個

調色色粉｜橘色 ●

◇ **棗泥**

紅棗 .... 6 ～ 8 枚
礦泉水 250g

◇ **棗泥巧克力**

棗泥 60g
淡奶油 120g
無鹽奶油 20g
鈕扣白巧克力 200g
吉利丁片 3g

製作步驟 STEP BY STEP

❖ 馬卡龍殼：調色

（馬卡龍殼製作方法：P.40 或 P.50。）

在混合杏仁粉 TPT 的蛋白裡加入少許橘色色粉，調成橘色杏仁糊。

❖ 餡料：棗泥

01 紅棗清洗乾淨，放到容器裡，用清水浸泡。

02 壓力鍋中倒入涼水，把裝紅棗的容器放進去，使用煮米飯的火力，上火壓 7 ～ 9 分鐘。等壓力閥落下去後，打開壓力鍋，取出盛棗的容器放涼。

03 剝掉棗皮，去掉棗核。

04 把去掉皮、果核的紅棗放到網篩上，用湯匙反覆按壓，把棗肉全部過濾到小碗中，過濾後的棗泥口感更細膩。

❖ 餡料：棗泥巧克力

05 提前將吉利丁片放入冰水中泡軟，將水瀝乾，隔熱水融化成液體。

06 淡奶油倒入小鍋中，用黑晶爐小火煮滾。

01
02
03
04
05
06

07 把淡奶油倒入盛有鈕扣白巧克力的容器中，蓋過全部的巧克力，5 分鐘左右巧克力融化成液體。

08 用小湯匙把淡奶油與巧克力攪拌均勻。

09 加入奶油，攪拌均勻。

10 加入吉利丁液，攪拌均勻。

11 加入棗泥，攪拌均勻。

12 棗泥巧克力放入冰箱中冷藏約半小時，每隔 10 分鐘拿出攪拌一次，呈半凝固狀即可。

❖ 組合：基礎夾餡

（組合步驟：P.102。）

將裝有棗泥巧克力餡的擠花袋剪一個 1cm 的小口，將棗泥巧克力擠到殼的中心位置，要擠得飽滿一些，這樣組合好之後的馬卡龍外觀才圓潤光滑。

07

08

09
10
11
12-1
12-2

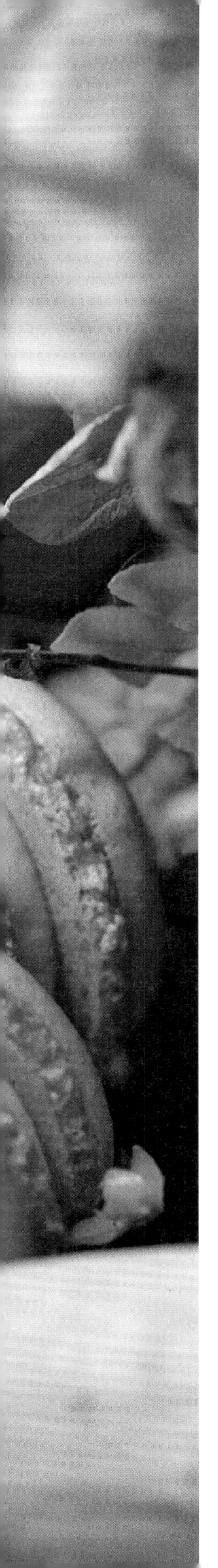

Health Macaron

04

枸杞山藥
馬卡龍

[養生馬卡龍]

枸杞是一種很好的養生食材，可調節身體免疫功能，具有延緩衰老、美容養顏的功效，還可以泡酒入藥。山藥含有人體必需的多種胺基酸，營養豐富，多多食用可以健腦益智、強身健體。將枸杞和山藥組合在一起，就可以做成一款非常棒的養生馬卡龍。

枸杞山藥馬卡龍

材料配方 INGREDIENTS

義式或法式馬卡龍殼 50 個

調色色粉｜淡粉色 ●

◇ **枸杞山藥泥**

鐵棍山藥	100g
枸杞	10g
糖粉	200g

◇ **奶油乳酪餡料**

製作步驟 STEP BY STEP

❖ 馬卡龍殼：調色

（馬卡龍殼製作方法：P.40 或 P.50。）

在混合杏仁粉 TPT 的蛋白裡加入少許淡粉色色粉，調成粉色杏仁糊。

淡粉色

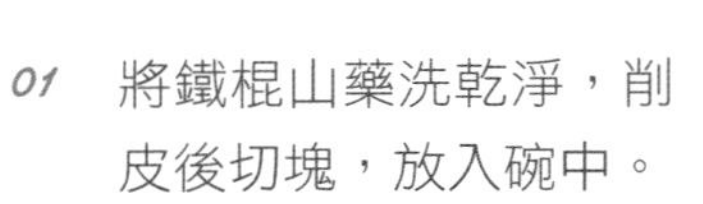

❖ 餡料：枸杞山藥泥

01 將鐵棍山藥洗乾淨，削皮後切塊，放入碗中。

02 蒸鍋中加入水煮滾，將盛山藥的碗放入蒸 15 分鐘左右。拿筷子插一下，如果可以輕易地將山藥完全插透，就說明蒸熟了。

01/02

03

03 枸杞浸泡 10 分鐘，清洗乾淨。

04 撈出枸杞，用廚房紙巾吸乾水。

05 把蒸好的山藥、枸杞和糖粉一起用調理機打成黏稠的泥。

❖ 餡料：奶油乳酪餡料

（製作方法：P.89。）

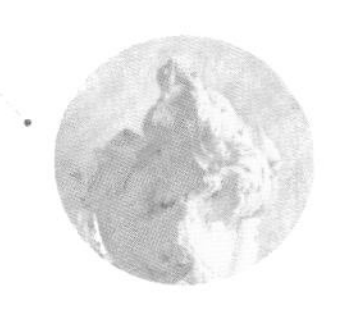

❖ 組合：餡中餡

（組合步驟：P.106。）

A 將裝有奶油乳酪內餡的擠花袋剪一個 0.5cm 的小口，將奶油乳酪沿著馬卡龍殼的邊緣均勻擠上一圈，中間留出位置。

B 將裝有枸杞山藥泥的擠花袋剪一個 0.5cm 的小口，把枸杞山藥泥擠到中間位置，注意不要擠得太多，以免溢出來。

04

05

Health Macaron

05

姜汁紅糖
馬卡龍

[養生馬卡龍]

熬煮過的紅糖營養更容易被身體吸收，可健脾、補血，紅糖與薑組合在一起有獨特的滋補保健功效，驅寒暖胃，對體寒的女性尤其有益。紅糖宜選用黑糖或者古法紅糖，營養和味道都會更好。

05 養生馬卡龍

姜汁紅糖馬卡龍

材料配方 INGREDIENTS

義式或法式馬卡龍殼……50 個

調色色粉｜橘色 ●

◇ 薑汁紅糖奶油霜

紅糖……50g

蛋黃……80g

薑汁……10g

無鹽奶油……200g

鹽……1g

水……25g

製作步驟 Step by Step

❖ 馬卡龍殼：調色

（馬卡龍殼製作方法：P.40 或 P.50。）

在混合杏仁粉 TPT 的蛋白裡加入少許的橘色色粉，調成橘色杏仁糊。

❖ 餡料：薑汁紅糖奶油霜

01 新鮮的薑去掉外皮，用刨絲器刨取新鮮的薑汁，可留有少許薑渣。

02 蛋黃使用電動攪拌機高速打發，一直打到蛋黃發白且變得比較稠。

03 小鍋內倒入水，加入紅糖。

01

02

03

04 紅糖水煮到 115°C。

煮紅糖水的時候很容易溢鍋。

05 轉動電動攪拌機，緩慢地把紅糖水倒入蛋黃液中。

06 繼續打發均勻，即成紅糖蛋黃液，在室溫下放涼。

07 把奶油、薑汁和鹽加入放涼的紅糖蛋黃液中。

紅糖蛋黃液一定要在室溫下放涼，否則後面加入奶油後，奶油會很快融化。

08 使用電動攪拌機攪打均勻即可。

❖ 組合：基礎夾餡

（組合步驟：P.102。）

將裝有薑汁紅糖奶油霜的擠花袋剪一個 1cm 的小口，把餡料擠到殼的中心位置，要擠得圓潤一些，這樣組合好的馬卡龍外觀才飽滿光滑。

04
展艺
PROBE
THERMOMETER
ZY0102
05
06
07
08-1
08-2

Health Macaron

06

向日葵花蜜
馬卡龍

[養生馬卡龍]

蜂蜜具有滋陰潤燥、補虛潤肺、解毒的作用，適用於肺燥咳嗽、體虛等。純正的蜂蜜有淡淡的花香，加入到馬卡龍的夾餡中，清淡的花香氣縈繞在口中，讓人迷戀不已。

06 養生馬卡龍

向日葵花蜜馬卡龍

材料配方 INGREDIENTS

義式或法式馬卡龍殼 50 個

調色色粉｜番茄紅 ●

◇ **向日葵花蜜奶油霜**

法國向日葵花蜜 1 大匙

義式蛋白奶油霜或義式蛋黃奶油霜 150g

（製作方法：P.81 或 P.78。）

製作步驟 Step by Step

❖ 馬卡龍殼：調色

（馬卡龍殼製作方法：P.40 或 P.50。）

在混合杏仁粉 TPT 的蛋白裡加入番茄紅色粉，調成紅色杏仁糊。

番茄紅

❖ 餡料：向日葵花蜜奶油霜

01 把蜂蜜加入到奶油霜中，使用電動攪拌機攪拌均勻。用量可以根據自己的口味進行調整。

02 攪拌完成後的向日葵花蜜奶油霜細膩滑順。如果裡面有大的氣泡，可以用刮刀壓拌一下，讓氣泡排出，使夾餡細膩滑順。

❖ 組合：基礎夾餡

（組合步驟：P.102。）

將裝有向日葵花蜜奶油霜夾餡的擠花袋剪一個 1cm 的小口，將餡料擠到馬卡龍殼的中心位置，要擠得圓潤一些，這樣組合起來的馬卡龍才飽滿光滑。

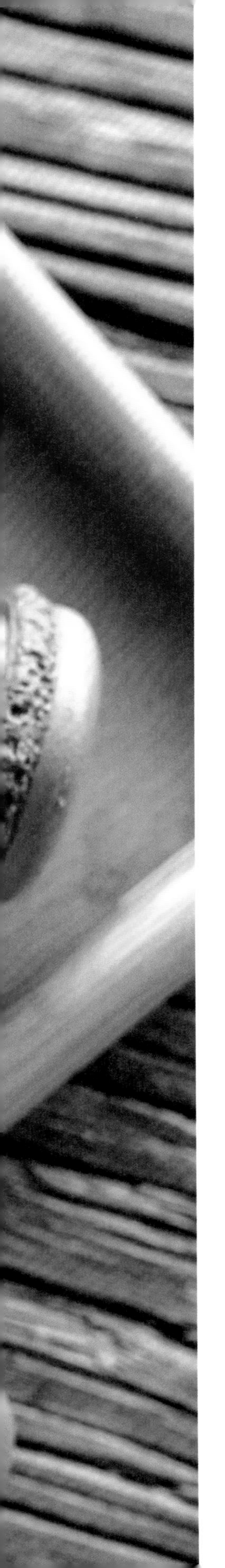

Health Macaron

07

野生薰衣草蜂蜜乳酪馬卡龍

[養生馬卡龍]

我經常會在睡覺前，喝上一杯暖暖的加了薰衣草蜂蜜的熱牛奶，這能讓我甜甜地一覺睡到天亮。薰衣草具有鎮定安神的功效，這款馬卡龍特別使用了法國原產地的野生薰衣草蜂蜜，這是一款有花香的蜂蜜，把它用在內餡中，竟然獲得了意想不到的口感。值得一提的是，製作這款馬卡龍時，打發蛋黃的時間會比較長，需要用電動攪拌機攪打 5 分鐘以上，要有足夠的耐心。夾餡可以一次做多份，製作完成後將剩餘的薰衣草奶油乳酪餡放入擠花袋冷凍保存，使用時提前放置至室溫，使其恢復到軟化的狀態，再用電動攪拌機重新攪拌到滑順，就可以繼續使用了。

07 養生馬卡龍

野生薰衣草蜂蜜乳酪馬卡龍

材料配方 INGREDIENTS

殼

義式或法式馬卡龍殼 .... 50 個

調色色粉｜可可粉 ●、金粉 

餡

◇ **法國野生薰衣草蜂蜜乳酪**

法國野生薰衣草蜂蜜 .... 1 大匙

薰衣草 .... 適量

奶油乳酪餡料 200g

（製作方法：P.89。）

製作步驟 STEP BY STEP

❖ 馬卡龍殼：調色

（馬卡龍殼製作方法：P.40 或 P.50。）

用 5 ～ 7g 可可粉更換杏仁粉 TPT 中相對應份量的杏仁粉。馬卡龍殼烘烤完之後，用筆刷蘸上金粉，刷在馬卡龍殼的表面。

可可粉

金粉

❖ 餡料：法國野生薰衣草蜂蜜乳酪

01 把法國野生薰衣草蜂蜜放入裝有奶油乳酪餡料的調理盆中。

02 用電動攪拌機把蜂蜜與奶油乳酪餡攪拌均勻。

03 加入適量薰衣草。

04 將薰衣草與奶油乳酪混合均勻。

❖ 組合：基礎夾餡

（組合步驟：P.102。）

將裝有薰衣草蜂蜜乳酪的擠花袋剪一個 1cm 的小口，把餡料擠到馬卡龍殼的中心位置，要擠得圓潤一些，這樣組合起來的馬卡龍才飽滿光滑。

Health Macaron

08

玫瑰花馬卡龍

[養生馬卡龍]

這是一款特別適合在情人節送出的馬卡龍。玫瑰花具有活血化瘀的功效，潤膚養顏，抗衰老，女性朋友多多食用是很好的。製作完成的馬卡龍，花香四溢，香氣撲鼻，新鮮的玫瑰花醬與奶油美妙地合二為一，夾在馬卡龍中，一口咬下，甜蜜浪漫的感覺充滿味蕾，內心也跟著溫暖起來。

08 養生馬卡龍

玫瑰花馬卡龍

材料配方 INGREDIENTS

殼

義式或法式馬卡龍殼 .... 50 個
乾玫瑰花瓣

餡

◇ **玫瑰花奶油霜 + 玫瑰花醬**

玫瑰花醬 15g
義式蛋白奶油霜
或義式蛋黃奶油霜 200g
（製作方法：P.81 或 P.78。）

製作步驟 STEP BY STEP

❖ 馬卡龍殼：裝飾

（馬卡龍殼製作方法：P.40 或 P.50。）

不需要加色粉，準備乾玫瑰花瓣，去掉花心，擠好馬卡龍殼後，把乾玫瑰花瓣撒到馬卡龍殼上面再風乾結皮。

❖ 餡料：玫瑰花奶油霜 + 玫瑰花醬

01 玫瑰花醬倒入義式奶油霜中。

02 用電動攪拌機把玫瑰花醬與奶油霜混合攪拌。

03 使之完全混合均勻即可。

❖ 組合：餡中餡

（組合步驟：P.106。）

A 將裝有玫瑰花奶油霜的擠花袋剪一個 0.5cm 的小口，沿著馬卡龍殼的邊緣均勻擠上一圈，中間留出位置。

B 將裝有玫瑰花醬的擠花袋剪一個 0.5cm 的小口，把玫瑰花醬擠到馬卡龍殼中間位置，注意不要擠得太多，以免溢出來。

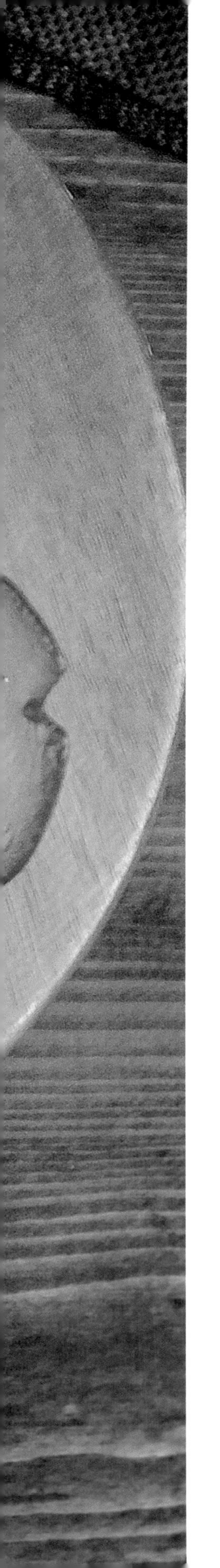

Health Macaron

09

烘烤芥末鮭魚馬卡龍

[養生馬卡龍]

這款鮭魚的馬卡龍聽起來好像很不可思議，但是吃起來卻沒有任何違和感，味道恰如其分，好多朋友吃過後都說是人間美味，快來一起嘗試這款新鮮又特別的鮭魚馬卡龍吧！

鮭魚是深海魚，含有豐富的不飽和脂肪酸，可以預防心血管疾病，還能增強腦功能、防止老年癡呆。鮭魚肉質細嫩，香而不膩。我喜歡使用魚肚的部位，肉質更加肥美。

09 養生馬卡龍

烘烤芥末鮭魚馬卡龍

材料配方 INGREDIENTS

殼

義式雙色馬卡龍殼

餡

◇ 義式蛋黃奶油霜

◇ 鮭魚泥

鮭魚肉 …… 100g
芥末醬 …… 少許
黑胡椒碎 …… 少許
生抽醬油 …… 少許
義式蛋白奶油霜或義式蛋黃奶油霜 …… 200g
（製作方法：P.81 或 P.78。）

製作步驟 STEP BY STEP

❖ 馬卡龍殼：義式雙色馬卡龍殼

（馬卡龍殼製作方法：P.71。）

❖ 餡料：義式蛋黃奶油霜

（製作方法：P.78。）

❖ 餡料：鮭魚泥

01 新鮮的鮭魚肉切成小丁，放入烤碗中。

02 加入少許芥末醬、黑胡椒和生抽醬油攪拌均勻，醃 10 分鐘。

01

02-1

02-2

03 烤箱提前預熱到 200°C，醃好的鮭魚丁放入烤箱內，烘烤 5 分鐘左右，以烤出香味為主。

04 把烤好的鮭魚放入擠花袋中。

05 用擀麵棍把魚肉壓成泥。

❖ 組合：餡中餡

（組合步驟：P.106。）

06 義式奶油霜裝入擠花袋，剪一個 0.5cm 的小口，將奶油霜擠在一片馬卡龍殼上，中間留出位置。

07 把鮭魚泥擠到義式奶油霜中間。

08 輕輕把另一片馬卡龍殼與擠好夾餡的馬卡龍殼組合到一起，稍稍按壓，密封後放到冰箱冷藏保存，充分回軟之後就可以享受美味啦。

03
04
05
06
07
08

清甜豌豆馬卡龍

[養生馬卡龍]

豌豆的營養很豐富，含多種維生素，可以增進食欲，促進發育。很多媽媽都會把豌豆泥作為輔食餵給小寶寶。用豌豆泥製作的馬卡龍有一種獨特的清甜味道，它中和了奶油霜的油膩，使馬卡龍別具風味。如果不喜歡奶油也可以換成無味的玉米油。豌豆泥含水量較高，跟奶油霜混合製作成豌豆奶油霜之後，會加快馬卡龍的回軟速度。

材料配方 INGREDIENTS

雙色義式或法式馬卡龍殼……50 個

調色色粉｜開心果綠

◇ 豌豆泥

新鮮豌豆粒……180g　細砂糖……18g

◇ 豌豆奶油霜

豌豆泥……50g

義式蛋白奶油霜或義式蛋黃奶油霜……200g

（製作方法：P.81 或 P.78。）

製作步驟 STEP BY STEP

❖ 馬卡龍殼：調色

（馬卡龍殼製作方法：P.40 或 P.50。）

杏仁糊分成兩份，在其中一份混合杏仁粉 TPT 的蛋白裡加入少許開心果綠色色粉，調成綠色，另一份為素色。

開心果綠

❖ 餡料：豌豆泥

01 新鮮豌豆放入鍋中，蒸 20 分鐘左右，直至豌豆熟爛。

02 將豌豆放入調理機中，加入細砂糖，打成泥，打的時候可以添加少量冷開水。不需要打得很細膩，可以有少許的顆粒。攪打好後在室溫中放涼。

❖ 餡料：豌豆奶油霜

03 取部分豌豆泥與奶油霜混合，具體多少可以依據自己的口味進行調整。

04 用電動攪拌機把豌豆泥與奶油霜均勻地混合到一起，打至滑順即可。

❖ 組合：餡中餡

（組合步驟：P.106。）

A 將裝有豌豆奶油霜的擠花袋剪一個 0.5cm 的小口，沿著馬卡龍殼的邊緣均勻擠上一圈，中間留出位置。

B 裝有豌豆泥的擠花袋剪一個 0.5cm 的小口，把豌豆泥擠到中間留出的位置，注意不要擠得太多，以免溢出來。

01
02
03
04-1
04-2

Health Macaron

11

抹茶馬卡龍

[養生馬卡龍]

這款馬卡龍一定是抹茶控的最愛！抹茶是有不同等級的，顏色由淺到深，口味由甜到苦。高品質的抹茶粉製作出來的甜點有一股淡淡微苦的清香味。大家可以根據自己的需求進行選擇。抹茶與乳酪是非常好的搭配，抹茶的微苦與乳酪的奶香味是很有趣的味覺撞擊，能帶給你不一樣的口感體驗。

材料配方 INGREDIENTS

義式或法式馬卡龍殼 50 個

調色及裝飾｜抹茶粉 ●

◇ 抹茶乳酪

抹茶粉 5g

溫開水 少許

奶油乳酪餡料 160g

（製作方法：P.89。）

製作步驟 STEP BY STEP

❖ 馬卡龍殼：調色及裝飾

（馬卡龍殼製作方法：P.40 或 P.50。）

用 5g 抹茶粉更換杏仁粉 TPT 中相對應份量的杏仁粉。擠完殼之後，用網篩把抹茶粉均勻篩到馬卡龍殼表面後再風乾結皮。

抹茶粉

❖ 餡料：抹茶乳酪

01 抹茶粉放小碗中，倒入少許溫開水。

02 用茶筅調均勻。

03 調好的抹茶呈現沒有顆粒的糊狀。

04 將調好的抹茶糊倒入奶油乳酪餡料中。

05 用電動攪拌機攪拌均勻。

06 攪拌至滑順就可以。

❖ 組合：基礎夾餡

（組合步驟：P.102。）

將裝有抹茶乳酪餡的擠花袋剪一個 1cm 的小口，將抹茶乳酪餡擠到馬卡龍殼的中心，要擠得圓潤一些，這樣組合起來的馬卡龍才飽滿光滑。

01
02
03
04
05
06

Health Macaron

12

肉桂馬卡龍

[養生馬卡龍]

肉桂是一種常見的中藥，也是一種調味品，我們在燉肉的時候常會用到它。肉桂在西方更多地應用於甜點中，像肉桂蘋果派、肉桂麵包、肉桂蛋糕等。甜點中添加少許肉桂粉，有提味增鮮的作用，入口後讓人直呼驚豔。把肉桂應用於馬卡龍夾餡中，味道真是妙不可言，但是肉桂粉的量要掌握好，用量過多反而會影響口感。

材料配方 INGREDIENTS

殼

義式或法式素色馬卡龍殼 50 個

裝飾｜肉桂糖粉（細砂糖 20g 和肉桂粉 2g）

餡

◇ **肉桂巧克力甘納許**

鈕扣白巧克力	120g	肉桂粉	¼ 匙
淡奶油	85g	吉利丁片	2g
肉桂條	2g		

製作步驟 Step by Step

❖ 馬卡龍殼：裝飾

（馬卡龍殼製作方法：P.40 或 P.50。）

擠完馬卡龍殼之後，用小網篩把肉桂糖粉（細砂糖 + 肉桂粉）篩到殼的表面之後再風乾結皮。

❖ 餡料：肉桂巧克力甘納許

01 把淡奶油倒入小鍋中，加入肉桂條，開黑晶爐小火煮滾。煮時候要不斷攪拌，以防黏鍋底。

02 煮滾後蓋上鍋蓋燜 5 分鐘，把肉桂條從淡奶油中撈出。

03 如果淡奶油的溫度降低較快，可以再次將淡奶油用小火煮滾，倒入鈕扣白巧克力中，要將鈕扣白巧克力全部覆蓋住，靜置一會。待巧克力融化後，慢慢劃小圈攪拌，使白巧克力與淡奶油完全融合在一起。

04 加入 ¼ 匙肉桂粉，攪拌均勻。

05 吉利丁片提前用冰水泡軟，隔熱水融化，倒入巧克力中，攪拌均勻。

06 巧克力奶油放到冰箱中冷藏 30 分鐘，中間每隔 10 分鐘拿出來攪拌一次，直到呈半凝固狀，裝入擠花袋中待用。

> 如果不使用吉利丁片，請將製作好的餡料放置於冰箱冷藏 24 ～ 48 小時。

❖ 組合：基礎夾餡

（組合步驟：P.102。）

將裝有肉桂巧克力甘納許的擠花袋剪一個 1cm 的小口，將餡料擠到馬卡龍殼的中心，要擠得圓潤一些，這樣組合起來的馬卡龍才飽滿光滑。

01
02
03
04
05
06

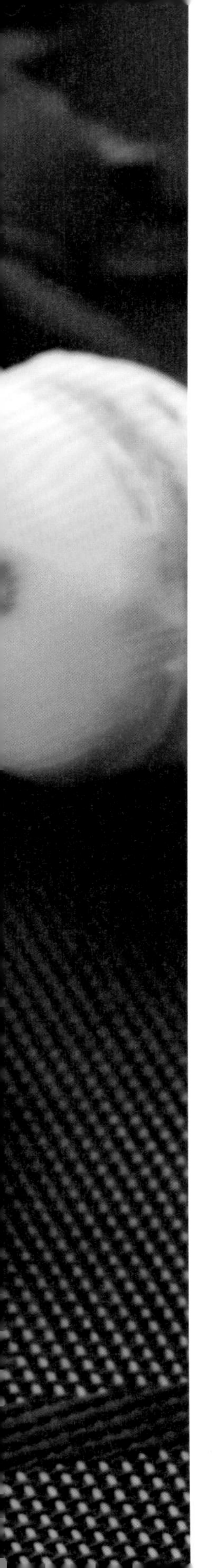

Health Macaron

13

櫻花
馬卡龍

[養生馬卡龍]

這是一款特別適合在春天製作的馬卡龍，櫻花製作的甜點都是高顏值。櫻花花瓣裡含有豐富的維生素，有很好的美容作用。在做馬卡龍殼的裝飾時，櫻花浸泡完後注意一定要用廚房紙巾吸乾水，否則花瓣上殘留的水容易使馬卡龍殼潮濕軟化。

13 養生馬卡龍

櫻花馬卡龍

材料配方 INGREDIENTS

義式或法式馬卡龍殼 50 個
鈕扣白巧克力
調色色粉｜皇家粉色 ●

◇ **櫻花乳酪**

鹽漬櫻花 數朵
奶油乳酪餡料 150g
（製作方法：P.89。）

製作步驟 STEP BY STEP

❖ 馬卡龍殼：調色

（馬卡龍殼製作方法：P.40 或 P.50。）

在混合杏仁粉 TPT 的蛋白裡加入少許皇家粉色粉，調成粉色。

皇家粉

❖ 馬卡龍殼：裝飾

01 鹽漬櫻花放於溫水中浸泡 30 分鐘，泡去鹽分之後把櫻花取出，放到廚房紙上吸乾水再放乾。

02 隔熱水將鈕扣白巧克力融化成液體。

03 用筆刷蘸少許巧克力液到馬卡龍殼上，把櫻花黏到馬卡龍殼上面。把黏好櫻花的馬卡龍殼放到冰箱裡冷藏 20 分鐘，即可用於夾餡。

01

02

03

❖ 餡料：櫻花乳酪

04 鹽漬櫻花用溫水浸泡 2 小時以上，泡去鹽分後，用廚房紙巾吸乾水。

05 把處理好的櫻花去蒂頭，切成小段。

06 櫻花放入奶油乳酪中，用電動攪拌機攪拌均勻。

07 攪拌至滑順即可，此時櫻花花瓣全部散開，非常漂亮。

❖ 組合：基礎夾餡

（組合步驟：P.102。）

08 將裝有櫻花乳酪餡的擠花袋剪一個 1cm 的小口，將夾餡擠到馬卡龍殼的中心，要擠得圓潤一些，這樣組合好的馬卡龍外觀才飽滿光滑。

06
07
08-1
08-2

IV 創意馬卡龍
Creative Macaron

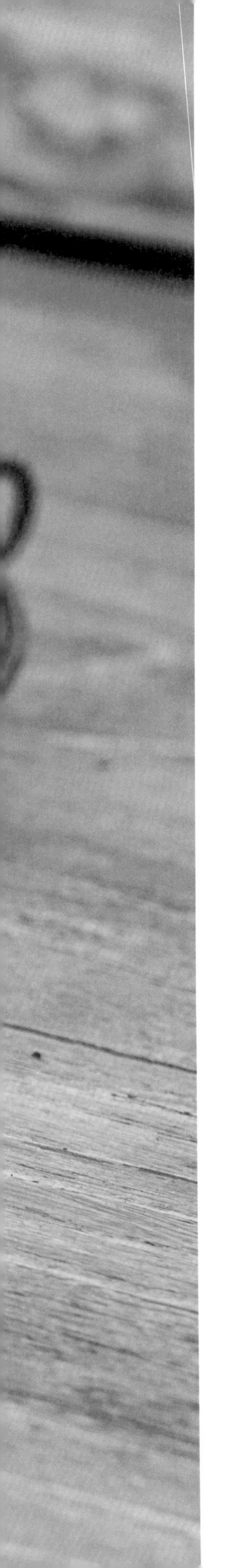

Creative Macaron

01

鳳梨
馬卡龍

[創意馬卡龍]

這款鳳梨造型的馬卡龍使用了鳳梨夾餡。鳳梨富含多種維生素，可以使肌膚亮麗滋潤，還能抗感冒病毒，提高人體免疫力。春天是鳳梨成熟的季節，製作這款馬卡龍要挑選新鮮無傷的鳳梨，去皮清洗乾淨，待乾後即可使用。

01 創意馬卡龍

鳳梨馬卡龍

❖ 義式或法式馬卡龍殼 50 個

（馬卡龍殼製作方法：P.40 或 P.50。）

❖ 調色

混合杏仁粉 TPT 的蛋白裡加入少許春天黃色粉，調出春天黃色的杏仁糊。

春天黃

鳳梨創意馬卡龍殼

01 取兩個小碗，各取少量杏仁糊，分別加入少許橙色和薄荷綠色粉。

02 用小刮刀把兩種色粉與杏仁糊完全混合均勻，調出鳳梨紋路和葉子部分的杏仁糊。

03 鳳梨紋路和葉子部分的杏仁糊分別裝入兩個小擠花袋中備用。

04 剩餘黃色的杏仁糊裝入套好圓形花嘴的擠花袋中。

05 先在烤盤布上擠出黃色的馬卡龍殼。

06 把裝有綠色杏仁糊的擠花袋用剪刀剪一個小口，在黃色馬卡龍殼最頂端擠出鳳梨葉子。

07 再用橙色杏仁糊在馬卡龍殼的表面擠出交叉的格線，網格中間再擠上小圓點，做出鳳梨的紋路。

08 鳳梨馬卡龍的另一半殼，保持黃色的基礎馬卡龍殼。

創意馬卡龍對風乾結皮的要求非常高，擠完之後一定要澈底風乾結皮，否則不同顏色杏仁糊交界部分會裂開。想要做出立體感的馬卡龍，在擠杏仁糊的時候，要錯開不同顏色的杏仁糊擠的時間。

❖ 餡料：鳳梨果醬 + 鳳梨奶油霜

❖ 組合：餡中餡

（組合步驟：P.106。）

A　將裝有鳳梨奶油霜的擠花袋剪一個 0.5cm 的小口，沿著馬卡龍殼的邊緣均勻擠上一圈，中間留出位置。

B　將裝有鳳梨果醬的擠花袋剪一個 0.5cm 的小口，把鳳梨果醬擠到中間位置，注意不要擠得太多，以免溢出來。

餡料製作 FILLING PRODUCTION

◆ 鳳梨果醬

製作步驟	材料配方
01 鳳梨去皮，切掉中間的硬筋，將果肉切成小塊。 02 使用調理機將鳳梨打碎，倒入小鍋中。 03 裝鳳梨的小鍋中加入細砂糖、檸檬汁，放黑晶爐上大火煮滾，要不斷地攪動，以防黏鍋底。 04 待鳳梨果醬開始變稠，轉小火，煮到果醬黏稠。在室溫下靜置放涼即完成。	鳳梨 200g 細砂糖 65g 新鮮檸檬汁 1 大匙

◆ 鳳梨奶油霜

製作步驟	材料配方
05 奶油霜中加入部分熬好的鳳梨果醬，用量可以根據個人口味進行調整。 06 把奶油霜和鳳梨果醬混合均勻即可。	鳳梨果醬 50g 義式蛋白奶油霜或義式蛋黃奶油霜 200g （製作方法：P.81 或 P.78。）

01

02

03-1
03-2
04
05
06-1
06-2
鳳梨果醬
鳳梨奶油霜

Creative Macaron

02

南瓜
馬卡龍

[創意馬卡龍]

這款南瓜馬卡龍同樣製作了南瓜口味的夾餡。南瓜富含蛋白質、多種維生素，可提高免疫力，預防高血壓和糖尿病。南瓜中含有的類胡蘿蔔素可促進骨骼發育，其所含的鈣、鉀元素有益中老年人。因為南瓜本身含糖量比較高，製作這款馬卡龍餡料時不需要再額外加糖。多餘的南瓜泥若用不完，應放到乾淨的玻璃罐中存放，可用於製作南瓜蛋糕、麵包和南瓜派等。

02 創意馬卡龍

南瓜馬卡龍

❖ 義式馬卡龍殼 50 個
（馬卡龍殼製作方法：P.40。）

❖ 調色

在混合杏仁粉 TPT 的蛋白裡加入橘色色粉，調出橘色杏仁糊。

橘色

南瓜創意馬卡龍殼

01 先製作出一份橘色義式馬卡龍杏仁糊，裝入擠花袋中。

02 準備兩個小碗，每個小碗各擠少量杏仁糊。剩餘杏仁糊封好口備用。

03 取一個裝有杏仁糊的小碗，再次加入少許橘紅色色粉，用小刮刀調勻。混合出來的顏色會比之前的橘色深很多，用來做南瓜的紋路。

04 另一個碗中的杏仁糊加入少許薄荷綠色粉，用小刮刀調勻，混合出比較深的綠色，用來做南瓜的莖。

05 把兩種調好顏色的杏仁糊分別裝入兩個小擠花袋中。

01

02

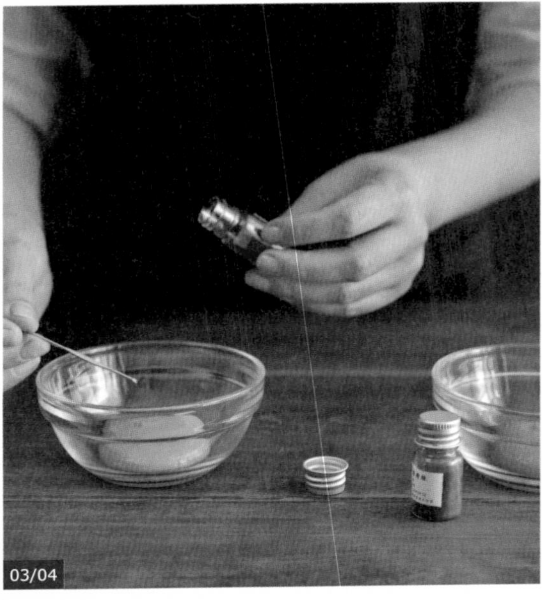
03/04

05

06 先用橘色杏仁糊擠出南瓜的圓形餅身。

07 用綠色杏仁糊在南瓜餅身上擠出南瓜的莖，注意要擠得稍微粗一些，略蓋住南瓜餅身。

08 用深橘紅色杏仁糊在南瓜餅身上擠出紋路，線條要一氣呵成，不要歪歪扭扭的。

09 創意馬卡龍的風乾結皮時間要較普通的馬卡龍更久，並且要澈底風乾結皮，否則在烘烤完之後，兩個顏色的銜接處會出現裂痕。

❖ 餡料：南瓜泥 + 南瓜奶油霜

❖ 組合：餡中餡

（組合步驟：P.106。）

A 將裝有南瓜奶油霜內餡的擠花袋剪一個 0.5cm 的小口，沿著馬卡龍殼的邊緣均勻擠上一圈，中間留出位置。

B 將裝有南瓜泥的擠花袋剪一個 0.5cm 的小口，把南瓜泥擠到中間位置，注意不要擠得太多，以免溢出來。

06
07
08
09

餡料製作 FILLING PRODUCTION

製作步驟	材料配方
◆ 南瓜泥	
01 挑選新鮮的南瓜洗乾淨，去皮、去籽，切成小塊。 *02* 將南瓜放到蒸鍋裡蒸 15 分鐘左右至熟，此時用筷子可以將南瓜輕易戳透後，離火，放涼。 *03* 把蒸熟的南瓜用湯匙按壓成泥。	小南瓜 150g
◆ 南瓜奶油霜	
04 奶油霜中加入部分南瓜泥，用量可根據個人口味進行調整。 *05* 把奶油霜和南瓜泥攪拌均勻，即成南瓜奶油霜。	南瓜泥 50g 義式蛋白奶油霜或義式蛋黃奶油霜 200g （製作方法：P.81 或 P.78。）

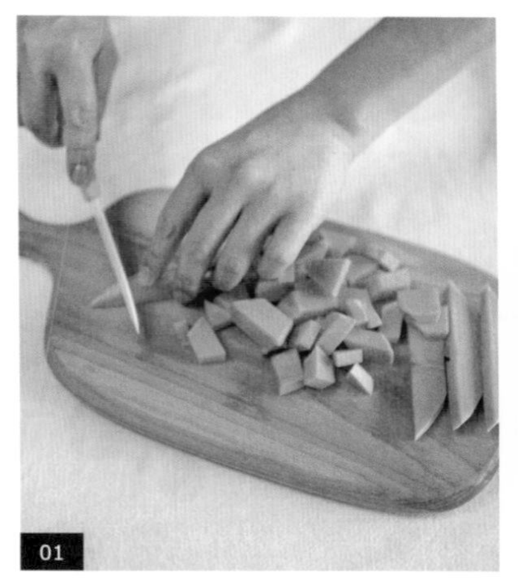
01

02

03

04

05

Creative Macaron

03

愛心
馬卡龍

[創意馬卡龍]

一根品質好的香草莢價格不菲，可以製作約 2 千克冰淇淋或者 1 個 8 寸的起士蛋糕。早在 16 世紀前，香草莢就被人們用於各種甜點烘焙中，它獨特的風味令人著迷，讓甜點更加有風味。香草莢需保存在陰涼乾燥的地方，不可冷藏，冷藏反而會導致發霉。

03 創意馬卡龍

愛心馬卡龍

殼

- 義式或法式馬卡龍殼 50 個

（馬卡龍殼製作方法：P.40 或 P.50。）

- 調色

在混合杏仁粉 TPT 的蛋白裡加入少許聖誕紅色粉，調出紅色杏仁糊。

聖誕紅

心形馬卡龍殼

紅色杏仁糊裝入擠花袋中，在烤盤布底下墊心形馬卡龍圖紙，握住擠花袋，按照圖紙擠出心形麵糊。

- 餡料：香草奶油霜

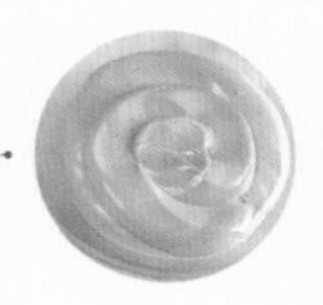

- 組合：基礎夾餡

（組合步驟：P.102。）

將裝有香草奶油霜的擠花袋剪一個 1cm 的小口，將奶油霜擠到馬卡龍殼的中心，要擠得圓潤一些，這樣組合起來的馬卡龍才飽滿光滑。

餡料製作 FILLING PRODUCTION

製作步驟	材料配方

◆ 香草奶油霜

01 香草莢用小刀從中間剖開，刮出香草籽，把香草殼切成幾小段備用。

02 先將蛋黃高速打發至顏色變淺變濃稠，提起攪拌機頭有清晰且不會馬上消失的紋路。打發蛋黃的時間會略久一些，請耐心操作。

蛋黃	80g
細砂糖	50g
水	25g
無鹽奶油	200g
香草莢	1 支

01

02

03 在打蛋黃的時候可以同時熬煮糖水。把切成段的香草殼放到小鍋中與細砂糖和水一起煮，糖水煮到 116°C 之後把香草殼取出。

04 電動攪拌機邊打蛋黃液，邊將香草糖水慢慢倒入，攪勻後將蛋黃液放置室溫。

05 將軟化好的奶油加入到打好的蛋黃液中打發到滑順。

06 香草籽加入奶油霜中，攪拌均勻。

03-1

03-2

04-1
04-2
05/06
06

Creative Macaron

04

獨角獸馬卡龍

[創意馬卡龍]

結晶糖是晶體，敲碎後有寶石般炫目的光澤。黏好結晶糖的馬卡龍殼，應放到冰箱裡冷藏一陣子，使糖塊與馬卡龍殼很好地固定在一起，但是不可以存放太久，否則糖在冰箱內沾上濕氣容易融化。為了營造更炫目的螢光效果，最後也可以在結晶糖上面再刷一層薄薄的螢光色。

04 創意馬卡龍

獨角獸馬卡龍

殼

法式或義式杏仁糊 .... 1 份
（馬卡龍殼製作方法：P.40 或 P.50。）

鈕扣白巧克力 20g

螢光銀色素筆 .... 1 支

結晶糖 .... 適量

調色色粉｜竹炭粉 ●、檸檬黃 

獨角獸馬卡龍殼

01 製作好的原色杏仁糊中取出兩份放到小碗裡，一份加入竹炭粉調成黑色，用來畫獨角獸的眼睛；另一份調成黃色，用來擠獨角獸的犄角。

02 調好色的兩份杏仁糊裝入兩小擠花袋中，其中裝黃色杏仁糊的擠花袋要先套上小號的圓形花嘴。

03 先用原色杏仁糊在烤盤布上擠出餅身，再用黃色杏仁糊擠出獨角獸的犄角 。

04 用黑色杏仁糊來畫獨角獸的眼睛，可以畫成各種表情。

創意馬卡龍風乾結皮一定要澈底，否則烘烤之後不同顏色的杏仁糊之間容易裂開。

01
02
03
04

05
06
07
08
09

05 把不同顏色的結晶糖輕輕敲碎，要有比較大的顆粒，不要太碎，放到小碗裡備用。

06 鈕扣白巧克力隔熱水融化成液體，要用來做黏合劑。

07 用螢光銀色素筆在獨角獸犄角上塗上螢光色。

08 用鑷子夾起結晶糖塊，蘸少許巧克力溶液。

09 把各色結晶糖塊黏在獨角獸頭部，放入冰箱冷藏一會兒，待巧克力凝固即可。

Creative Macaron

05

可愛雞寶貝馬卡龍

[創意馬卡龍]

05 創意馬卡龍

可愛雞寶貝馬卡龍

餡料製作 FILLING PRODUCTION

製作步驟	材料配方
◆ 草莓奶油霜	
01 奶油霜中加入熬好的草莓果醬，用量可根據個人口味進行調整。	草莓果醬……50g
02 把奶油霜和草莓果醬攪打均勻即可。	義式蛋白奶油霜或義式蛋黃奶油霜……200g （製作方法：P.81 或 P.78。）

01

02

法式或義式杏仁糊 .... 1 份

（馬卡龍殼製作方法：P.40 或 P.50。）

寶石紅螢光色粉筆 .... 1 支

❖ 色粉準備　竹炭粉 ●、檸檬黃 ●、聖誕紅 ●

小雞馬卡龍殼

01 原色杏仁糊中取出三小份，放小碗中，分別加入少許竹炭粉、檸檬黃、聖誕紅色色粉，調出黑色、黃色和紅色的杏仁糊。

02 三種顏色的杏仁糊分別裝入擠花袋中。

03 剩餘的原色杏仁糊裝入套好圓形花嘴的擠花袋中。

01-1

01-2

02

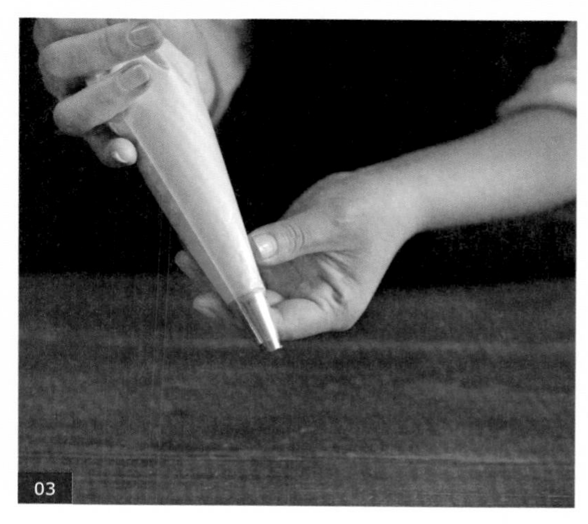
03

04
05
06
07
08
09

04 在烤盤布上擠好圓形的餅身，擠花袋中留下少許原色杏仁糊備用。

05 先把裝有紅色杏仁糊的擠花袋剪一個小口，在其中一半餅身頂部擠出雞冠（這一步一定要先做，讓兩個顏色的杏仁糊有充分的時間融合在一起）。

06 再用黃色杏仁糊擠出雞寶寶的爪子和嘴。

07 用黑色杏仁糊畫出眼睛。

08 再用紅色杏仁糊在另外一半空白的餅身上畫出雞尾巴，這個時候餅身已經不黏手了，畫上去的尾巴才有立體感。

09 把剛剛留下的備用的原色杏仁糊裝到一個新的擠花袋中，剪一個小口，在餅身兩側擠雞寶寶的翅膀。

10 擠好的馬卡龍殼，要完全風乾結皮才可以烘烤。烤箱要提前預熱到155°C，烘烤大約 15 分鐘，注意不要上色。

11 烤好後的馬卡龍殼放涼後，用螢光色粉筆在小雞臉上塗上腮紅。

❖ 餡料：草莓果醬 + 草莓奶油霜

（草莓果醬製作方法：P.92。）

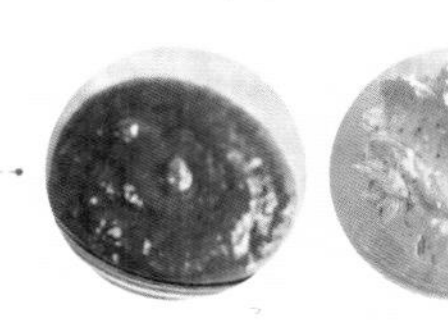

❖ 組合：餡中餡

（組合步驟：P.106。）

A 將裝有草莓奶油霜的擠花袋剪一個 0.5cm 的小口，沿著馬卡龍殼的邊緣均勻擠上一圈，中間留出位置。

B 將裝有草莓果醬的擠花袋剪一個 0.5cm 的小口，把草莓果醬擠到中間位置，注意不要擠得太多，以免溢出來。

馬卡龍，
讓我遇見更好的自己

與馬卡龍相遇，純屬偶然，為了要爭口氣證明自己能做出真正的馬卡龍，我在還沒吃過它的時候就開始與它「死磕」。沒想到，我與它的緣分一直延續到了如今，而且還會一直延續下去。就像人與人之間的緣分很微妙一樣，我與馬卡龍之間也彷彿冥冥中有根紅線在牽引著，而我自己、我的生活也隨之改變了很多。

生活更陽光，更自由了，我建立了大麥烘培工作室，在視頻課還沒有普及的時候，率先開啟了馬卡龍的視頻課，學生遍佈全球，遠在美國、加拿大、澳洲等地的華人學生都透過視頻課學會了馬卡龍……這些改變也都不是步步為營、有計劃而來，而是水到渠成、順其自然，彷彿命運在推著我往前走一樣。是不是很神奇？

與馬卡龍相伴的日子裡，我的心態一直在改變著。生活嘛，都是油鹽醬醋、五味雜陳的，在我與馬卡龍周旋的過程中恰恰體現了這種波浪式盤旋迂迴的生活節奏。從烤杏仁餅到調餡料，一步步升級打怪，你剛攻克了沒有裙邊的難題，還沒高興幾分鐘，餅皮又裂開了；剛治好了它容易裂開的毛病，它又在烘烤時開始「嘔吐」；這些都治好了，上色又不均勻了……今天笑，明天哭，這種密集式的魔鬼訓練讓我的心理素質在幾個月內得到了飛速提升。其實不管是在烘焙過程中還是在日常生活中，困難和波折肯定都會存在，見了困難你就躲，那只能原地踏步，不怕困難、越挫越勇反而能更快地解決問題，讓你走得更遠。

最重要的是，在與烘焙、馬卡龍相伴的日子裡，我的生活變得更陽光更幸福了。剛開始接觸烘焙，我的想法很簡單，學會做幾樣拿手的甜點或麵包，讓女兒吃著它們長大，在心裡能記住這是「媽媽的味道」。平時有工作，孩子也需要照顧，我只能犧牲自己休息、娛樂的時間在烘焙上下工夫，有付出就有收獲，這道理在烘焙中體現得淋漓盡致。當我專注地去做烘焙時，當普通的麵粉、奶油、雞蛋透過自己的雙手變成了香噴美味的甜點時，那種喜悅與成就感無法言表。工作的壓力、生活中的不快，很多都在鑽

研烘焙，特別是鑽研馬卡龍的過程中得以排解，以前總是鑽進去就出不來的牛角尖，現在覺得沒必要這麼固執了，看開些，哪有那麼多解決不了的問題啊。

心態變了，很多事也會跟著變化。當你以積極的心態去生活時，生活也會回饋給你陽光與溫暖。首當其衝的是，女兒記住了媽媽做的馬卡龍的味道，一提到馬卡龍，她總是第一反應想到我。更開心的是，女兒也愛上了烘焙，週末時間也可以自己做做蛋糕，招待一下她的朋友了。因為馬卡龍，我還結識了許多新朋友，也收穫了很多感動。我把每一次研究馬卡龍的小成果發在微博上，沒想到，很多人在微博上跟我聯繫，想讓我教他們做馬卡龍。剛開始我只是小範圍地授課，等到有越來越多的烘焙愛好者要求想來學習馬卡龍時，我開始認真思考馬卡龍的教學問題。天南地北的朋友，因為馬卡龍與我結識。她們令我感動，也讓我感到責任重大。記得有一位家在廣西的阿姨，她已經退休多年了，為了跟我學做馬卡龍，從廣西坐了一天兩夜的綠皮火車來到青島。讓我心裡充滿了沉甸甸的感動。

未來，我希望能設計出更多口味、更大眾、更親民的馬卡龍，讓更多人能比較輕鬆地學會製作馬卡龍，享受這個過程的幸福與美好。

MACARONS

STAFF RECOMMEND FORMULA

馬卡龍職人特選配方製作全集

書　　名　馬卡龍職人特選配方製作全集
作　　者　大麥（任棟）
發 行 人　程安琪
總 策 劃　程顯灝
總 編 輯　盧美娜
主　　編　譽緻國際美學企業社・莊旻嬑
校對編輯　譽緻國際美學企業社・王若楠
美　　編　譽緻國際美學企業社・羅光宇
封面設計　洪瑞伯

藝文空間　三友藝文複合空間
地　　址　106 台北市大安區安和路 2 段 213 號 9 樓
電　　話　（02）2377-1163

發 行 部　侯莉莉
出 版 者　橘子文化事業有限公司
總 代 理　三友圖書有限公司
地　　址　106 台北市安和路 2 段 213 號 4 樓
電　　話　（02）2377-4155
傳　　真　（02）2377-4355
E-mail　service@sanyau.com.tw
郵政劃撥　05844889 三友圖書有限公司

總 經 銷　大和書報圖書股份有限公司
地　　址　新北市新莊區五工五路 2 號
電　　話　（02）8990-2588
傳　　真　（02）2299-7900

初　　版　2018 年 10 月
定　　價　新臺幣 565 元
ISBN　978-986-364-130-8（平裝）

國家圖書館出版品預行編目 (CIP) 資料

馬卡龍職人特選配方製作全集 / 任棟作 .
-- 初版 . -- 臺北市 : 橘子文化 , 2018.10
面；　公分
ISBN 978-986-364-130-8（平裝）

1. 點心食譜

427.16　　107015160

三友官網

三友 Line@